Der **Onlineservice InfoClick** bietet unter www.vogel-fachbuch.de/infoclick nach Codeeingabe zusätzliche Informationen und Aktualisierungen zu diesem Buch.

**InfoClick**

**In zwei Schritten zum Onlineservice**

1. Einfach www.vogel-fachbuch.de/infoclick aufrufen.
2. Den unten stehenden Zugangscode und eine E-Mail-Adresse eingeben.

Ihr persönlicher Zugang zum Onlineservice  338201100001

Dipl.-Ing. Sebastian Rohr

# Industrial IT Security

## Effizienter Schutz vernetzter Produktionslinien

**Dipl.-Ing. oec. Sebastian Rohr**

2001 erhielt Sebastian Rohr seinen Abschluss als Wirtschaftsingenieur, Fachrichtung Produktionswirtschaft, an der TU Hamburg-Harburg. Über Stationen als Sicherheitsberater bei der Siemens AG, Forscher für Mobilfunk und Netzwerksicherheit am Fraunhofer Institut für Sichere Informationstechnik (SIT) sowie als Solution Strategist für die Sicherheitslösungen von CA (Computer Associates) kam Rohr als Chief Security Advisor zu Microsoft. Nach seiner Tätigkeit bei Microsoft gründete er die accessec GmbH und ist dort als Geschäftsführer aktiv. Seit 2017 ist er zusätzlich als CTO im Vorstand der APIIDA AG tätig, die er ebenfalls mitbegründete. Rohr ist Spezialist für IT- und Informationssicherheit mit besonderem Fokus auf Industrielle IT-Sicherheit und das Identity & Access Management. Zudem ist er Mitglied der ISACA, bei (ISC)2 sowie im TeleTrust e.V. und vertritt seine Unternehmen in den Branchenverbänden VDMA und Bitkom. Darüber hinaus ist er Referent und Schulungsleiter für diverse Organisationen und tritt bei zahlreichen Fachveranstaltungen als Moderator und Vortragsredner auf.

**Weitere Informationen:**
**www.vogel-fachbuch.de**
http://twitter.com/vogelfachbuch
www.facebook.com/vogel-fachbuch
www.vogel-fachbuch.de/rss/buch.rss_

ISBN 978-3-8343-3382-7
1. Auflage. 2019

# Geleitworte

## Wesentliche Änderungen in der industriellen Fertigung

Im Zeitalter einer globalen Digitalisierung ist die industrielle Fertigung von wesentlichen Änderungen betroffen. Der Begriff der 4. Industriellen Revolution (Industrie 4.0) umfasst nicht nur die Produktionstechnik, sondern auch die Unternehmensprozesse, die Organisation und natürlich den Menschen in seinem Arbeitsumfeld im Unternehmen. Die übergreifenden Änderungen der Unternehmensprozesse und der Wertschöpfung in einem Netzwerk statt in einer linearen Kette haben zur Folge, dass es einen durchgängigen Informationsfluss geben muss, der dabei helfen kann, die Anforderungen an neue Geschäftsmodelle umzusetzen. Als direkte Konsequenz dieser komplexeren Daten- und Informationsströme wird die bislang oft etablierte Sicht auf die Produktion als «Daten-Insel» innerhalb des Unternehmens sich hin entwickeln zu einer vermehrt unternehmensübergreifenden Kommunikation, die Fertigungsschritte in vielen Organisationen verbindet – insbesondere, wenn die vielfach propagierten selbst-organisierenden Wertschöpfungsnetze sich weitgehend autark anpassen sollen. Dieser vermehrte Bedarf nach Kommunikation hat direkte Auswirkungen auf die notwendigen Schutzmaßnahmen für IT, Produktion und Produktionsdaten. Ohne eine ausreichende Umsetzung dieser Security-Maßnahmen werden die vorgelegten Umsetzungskonzepte nicht realisierbar sein, da zu hohe Risiken für Manipulation an Prozessen, Daten und Maschinen und damit für die Produktionsmittel und Produkte entstehen.

Eine sichere Kommunikation basiert vor allem auf sicheren, vertrauenswürdigen Identitäten (für Mensch, Maschine, Produkte, zusammengefasst als «Industrial IAM») und verlässlichen Informationen zum Werkzeug und Werkstück (digitaler Zwilling). Dabei ist nicht nur eine sichere Technologie notwendig, sondern es ist besonders auf einen hohen Reifegrad der Organisationsprozesse und eine gute Aus- und Weiterbildung der Mitarbeiter zu achten. Nicht zuletzt muss das Unternehmen seine Produktion und deren IT-Komponenten auch im Rahmen eines umfassenden **I**nformations**s**icherheits-**M**anagement-**S**ystems (ISMS) abbilden.

Die bekannt gewordenen Angriffe auf Unternehmen haben Ziele, die von Wirtschaftsspionage bis zur Sabotage reichen – und viele der kolportierten Vorfälle konnten an den organisatorischen Grenzen weder erkannt noch gestoppt werden. Das Problem existiert folglich sowohl firmenintern als auch über die Unternehmensgrenzen hinweg. Hier wird deutlich, dass neben einer nach innen gewandten Sicht auch eine partnerschaftliche Zusammenarbeit mit der Lieferkette (neu: dem Liefer-Netzwerk) und/oder den Kunden(Unternehmen) erforderlich ist. Wie so oft beobachtet, attackieren die professionellen Angreifer die schwächsten Glieder der Kette – und diese können sich durchaus «jenseits des eigenen Vorgartens» befinden. Klare Absprachen zu Meldewegen und einheitliche sowie prüfbare Vorgaben zu Sicherheitsstandards sollten in der industriellen Produktion zum guten Ton gehören!

Neben dem Schutzziel der Verfügbarkeit der Produktion (Ausfallzeiten in der Fertigung) ist die Integrität der Daten wichtiger geworden (Produziere ich das qualitativ richtige Produkt für den Kunden?). Umso mehr gilt es, ein durchgehendes Security-Konzept zu etablieren, das einen hinreichenden Schutz gegen Angriffe ermöglicht und zudem wirtschaftlich tragbar ist. Das bedeutet, dass ein Unternehmen weiß, welche wichtigen Informationswerte (oder neudeutsch «Assets») es in der Produktion hat und wie diese durch das Security-Konzept zu schützen sind. Eine umfassende Risikoanalyse und Risikobewertung sind dabei die Basis für weitere Entwicklungen. Letztlich wird das Thema Resilienz in der IT-Sicherheit der Produktion an Bedeutung zunehmen, da eine Kompromittierung aufgrund der Komplexität nicht mehr ausgeschlossen werden kann – eine 100%ige Sicherheit wird es auch in der Fertigung nie geben. Eine Anpassung an dieses neue Paradigma erfordert auch ein Umdenken bei der Gestaltung bzw. Fokussierung der Maßnahmen vom Vorbeugen (*prevent*) und Abwehren (*deter*) hin zum Erkennen (*detect*) und Eingrenzen (*contain*). Insgesamt bedeutet dies, die Organisation besser auf einen Ernstfall im Bereich der Cyber Security vorzubereiten und mehr Maßnahmen für die Erkennung von und Wiederherstellung nach solchen Incidents zu treffen.

Das vorliegende Buch ermöglicht sowohl Einsteigern in die Materie einen leichten Zugang und verschafft Orientierung, während Fortgeschrittene wertvolle Hinweise aus der Praxis zu vielen Themen wie etwa Verzeichnisdiensten und Netzwerkarchitektur erhalten. Auch der Exkurs zum Risikomanagement hilft dabei, die Anfangshürden zu überwinden und nutzbare Ergebnisse zu erzielen.

Dr. Ernst Esslinger
Abteilungsleiter der Abteilung «Methods / Tools Systems» bei der HOMAG GmbH

## IT-Sicherheit als Führungsaufgabe

Chancen und Risiken fürs Unternehmen einzuschätzen und richtige Entscheidungen zu treffen gehört zu den Grundaufgaben eines Managers. Das fällt ihm nicht immer leicht, denn oft fehlen ihm dazu die nötigen Spezialkenntnisse. Ein Vertriebsmann wird sich vielleicht mit Fragen der Buchhaltung schwer tun – trotzdem muss er eine ordentliche Jahresplanung zustande bringen. Als Geschäftsführer wird er womöglich gezwungen sein, einem unehrlichen Buchhalter auf die Schliche zu kommen, weil er ja fürs gesamte Unternehmen verantwortlich ist und dafür sogar haftet. Freiberufler müssen ohnehin alles können, was sich nicht an Externe, zum Beispiel an den Steuerberater, abwälzen lässt.

Manager müssen also ohnehin ständig dazulernen, und zwar nicht immer Dinge, die ihnen liegen oder die ihnen sonderlich Spaß machen. So ein Thema ist zum Beispiel die IT-Sicherheit. Dabei geht es gar nicht darum, aus einem guten Kaufmann einen mittelmäßigen EDV-Techniker zu machen oder aus einem gelernten Betriebswirt einen Computer-Freak. Ein guter Manager muss heute allerdings wenigstens in der Lage sein, seinen eigenen IT-Fachleuten oder seinen externen Dienstleistern die richtigen Fragen zu stellen und sich auf diese Weise genügend Sicherheit zu verschaffen, um Entscheidungen zu treffen, die auf mehr als nur einem vagen Bauchgefühl basieren.

Vor allem muss der Manager oder Unternehmer imstande sein, das Risiko abzuschätzen, das er und seine Firma im Zeitalter des «Internet of Things» eingeht – einer Welt, in der alles mit allem verbunden sein wird – und infolgedessen riskiert, Opfer eines Cyberangriffs zu werden, der sozusagen die Kronjuwelen des Unternehmens bedroht – und damit seine Existenz!

Es wäre logisch anzunehmen, dass Führungskräfte hier ebenso sorgfältig zu Werke gehen, wie sie es in anderen Bereichen zu tun gewohnt sind. Jeder gute Manager versucht doch, sein Risiko bei Wechselkursen, Insolvenzen oder Lagerhaltung durch intelligentes Risikomanagement möglichst gering zu halten. Man sollte also meinen, dass dieses kleine Einmaleins des verantwortungsbewussten und vorausschauenden Wirtschaftens auch in der IT genauso eingesetzt wird.

Leider sieht es in der Praxis bis heute aber ganz anders aus. Im Juni 2017 stellte die Hamburger Unternehmensberatung Sopra Steria Consulting nach der Befragung von mehr als 500 Führungskräften aus den Branchen Banken, Versicherungen, Sonstige Finanzdienstleister, Energieversorger, Automotive, Sonstiges verarbeitendes Gewerbe, Telekommunikation und Medien sowie öffentliche Verwaltung ernüchtert fest: «Der harmlose Umgang in den Chefetagen bleibt ein

Problem!» Demnach kümmern sich nur 46 Prozent der Firmen regelmäßig darum, dass alle Mitarbeiter über die Gefahren der IT-Sicherheit aufgeklärt werden. 21 Prozent konzentrieren ihre Maßnahmen nur auf die Mitarbeiter in der IT-Abteilung.

Nicht, dass den Managern hierzulande nicht klar wäre, was für einen wilden Ritt sie da hinlegen. Im Juli 2017 veröffentlichte das Analystenunternehmen Thales eine Studie, in der der Frage nachgegangen wurde, wie deutsche Manager selbst den Stand der Sicherheitsmaßnahmen ihrer IT beurteilen. 95 Prozent gaben an, nicht ausreichend gegen Cyberangriffe geschützt zu sein. 45 Prozent meinten sogar, dass die Sicherheit ihrer IT sehr oder extrem anfällig sei. Damit liegen die Deutschen im internationalen Vergleich übrigens auf Platz 1: In keinem anderen Land glauben Manager, dass ihre IT-Systeme so schlecht geschützt sind wie hier. Und das Problem wird immer schlimmer: Im Vorjahr waren nur 90 Prozent der Ansicht, sie seien nicht ausreichend geschützt.

## Sicherheit mit Konzept

Die Reaktion der meisten nichttechnischen Führungskräfte ist es, in dieser Situation in noch mehr Technik zu investieren. 2017 stiegen laut Thales derartige Investitionen um 80 Prozent gegenüber dem Vorjahr. Im Geldausgeben für IT-Sicherheit sind die Deutschen inzwischen Weltmeister!

Aber IT-Sicherheit ist keine Frage der Technik, oder zumindest nicht in erster Linie. Natürlich müssen Systeme geschützt sein, denn die Gegenseite rüstet ja auch ständig auf. Es wäre aber ein Irrtum zu glauben, dass man sich nur hinter die Burgmauern seiner Firewall zurückziehen muss, und schon wäre das Problem gelöst.

Worum geht es bei IT-Sicherheit wirklich? Nicht um den Schutz der Systeme selbst, sondern um den Schutz der Informationen, die darin gespeichert liegen und die von ihnen ständig verarbeitet werden. Daten sind das Erdöl des 21sten Jahrhunderts, und Informationen sind ein wichtiger Teil des Betriebsvermögens! Da Informationen im Unternehmen hin und her wandern und im Zeitalter von IoT auch bis weit über die Unternehmensgrenzen hinaus, gibt es nur einen Weg, sie wirklich wirkungsvoll und dauerhaft zu schützen: Es muss ganz klar festgelegt sein, wem welche Daten «gehören» und wo die Verantwortung für sie liegt. Auch in diesem Punkt ist Sicherheit mit jedem anderen Geschäftsvorgang innerhalb eines Unternehmens vergleichbar. Die Zuständigkeit kann im Einzelfall delegiert werden, so wie der Finanzvorstand eines Unternehmens seine Verantwortung zum Beispiel für das Rechnungswesen an einen Buchhalter abgeben kann. Es muss aber jederzeit klar sein, wer welche Daten wofür verwenden kann. Und es muss klar zurückverfolgbar sein, wer wann was mit den Daten gemacht hat. Und hier wird modernes ***I****dentity and* ***A****ccess* ***M****anagement* (IAM) in Zukunft eine zentrale Rolle spielen.

Das Delegieren von Sicherheitsaufgaben ist leider nicht ganz so einfach, denn Daten verändern sich auf dem Gang durch die Unternehmensinstanzen. Es ist deshalb ganz wichtig festzulegen, wer zu welchem Zeitpunkt die Verantwortung für die Korrektheit der Informationen trägt.

Doch was heißt schon «korrekt»? Damit Informationen im Unternehmen eingesetzt werden können, müssen sie nämlich fünf durchaus unterschiedliche Anforderungen erfüllen:

**Unversehrtheit**: Daten dürfen nur im Rahmen genau definierter Geschäftsprozesse verändert werden. Die Veränderungen müssen autorisiert und nachvollziehbar sein. Manipulierte oder manipulierbare Daten sind praktisch wertlos. Gerade im Online-Zeitalter ist die Integrität von Daten aber ein Problem. Im Internet gibt es keine Gewissheit, dass eine empfangene Nachricht mit der gesendeten identisch ist, da sie ein Netzwerk mit Millionen angeschlossener Computer durchläuft. Jeder kann dabei potenziell Änderungen durchgeführt haben.

**Vertraulichkeit**: Der Zugriff auf Firmendaten muss auf denjenigen Personenkreis beschränkt bleiben, der von Verantwortlichen bestimmt worden ist. Jeder nachgewiesene Zugriff von

Fremden auf Firmendaten muss sofort Zweifel an deren Unversehrtheit und entsprechende Überprüfungsmechanismen auslösen. Im Internet ist Vertraulichkeit ein Problem, weil das verwendete Übertragungsprotokoll TCP / IP vor allem auf Fehlertoleranz hin entwickelt wurde. An Abhörsicherheit dachte damals niemand. Vertraulichkeit muss deshalb heute durch Verschlüsselung sozusagen nachträglich hergestellt werden.

**Verfügbarkeit**: Daten, auf die nicht (oder nicht mehr) zugegriffen werden kann, sind für das Unternehmen wertlos. Das mag banal klingen, aber angesichts der Sorglosigkeit in vielen Unternehmen gegenüber dem Thema Sicherheitskopien und Backup-Strategien kann es sich schnell zum Problem auswachsen.

**Authentizität**: Es ist schwer, zweifelsfrei festzustellen, wer eine fragliche Information in einem Computersystem tatsächlich erzeugt oder verändert hat. Beim Datenaustausch per Internet potenziert sich das Problem, denn die Beteiligten können sich ja nicht sehen und kennen sich im Zweifelsfall auch nicht gegenseitig. Es geht also nicht nur darum zu verhindern, dass irgendjemand beim Datenaustausch unerkannt «mithört», sondern darum: Wie stelle ich fest, dass sich mein Computer wirklich mit dem richtigen Partner unterhält?

**Verbindlichkeit**: Keiner der Beteiligten soll bestreiten können, dass eine Übertragung stattgefunden hat. Im Internet kann jeder behaupten, eine Nachricht nicht erhalten zu haben. Umgekehrt kann jeder behaupten, eine bestimmte Nachricht nicht geschickt zu haben. Beweisbar ist nichts. Industrie und Wissenschaft haben verschiedene Verfahren entwickelt, um die Sicherheit unter den oben aufgeführten Aspekten bei der Nachrichtenübermittlung im Internet zu gewährleisten. Das bekannteste Verfahren ist ein sogenannter digitaler Zeitstempel, der nachweisbar nicht nur die Authentizität des Absenders, sondern auch den Absendezeitpunkt dokumentieren soll. Daneben gibt es die Einrichtung der «digitalen Signatur», deren praktischer Einsatz aber noch ganz am Anfang steht.

In diesem Buch geht es immer wieder auch um IAM und seine Anwendung im Unternehmen. Mein Freund Sebastian Rohr ist ja auch ein ausgewiesener Experte auf diesem Gebiet. Es geht aber auch um die Frage, wie sich IT-Sicherheit so organisieren lässt, dass der Manager wieder nachts schlafen kann. Es ist deshalb ein wichtiges Buch – aber es ist nur ein Anfang. Bis IT-Sicherheit ebenso zum Basisrepertoire deutscher Führungskräfte gehört, mit dem sie so zielsicher und vorausblickend umgehen können wie mit allen anderen Bereichen, in denen sie Verantwortung tragen, braucht es einen Kulturwandel. Und der ist, wie jeder weiß, viel schwerer zu bewerkstelligen als der rein technische Wandel.

Wenn Deutschland die Digitale Transformation und den Einstieg in die Welt der totalen Vernetzung meistern soll, führt allerdings kein Weg daran vorbei.

Tim Cole<br>
Internet-Publizist, Kolumnist und Autor

# Vorwort

Industrial IT Security ist ein weites Feld, das man einerseits nicht mit Samthandschuhen anfassen darf, weil schon viel zu lange auf IT-Sicherheit in der Fertigung verzichtet wurde. Andererseits sind besondere Vorsicht und Achtsamkeit geboten, da unbedachte Handlungen schnell das Schutzziel der Verfügbarkeit gefährden könnten. Es sind also Taten gefragt, die mit Sinn und Sachverstand geplant und umgesetzt werden. Deren oberstes Ziel muss es sein, die Stabilität der IT in den Produktionsanlagen zu sichern und die IT vor Schadwirkung durch Angreifer zu schützen. Dazu gehört in erster Linie die Erkenntnis, dass wir alle künftig in einer vernetzten Welt leben werden, die leider auch neue Gefahren mit sich bringt.

Diesen Gefahren sollte mit der Identifikation und Umsetzung von nachhaltig wirksamen Lösungen und Methoden begegnet werden. Jene müssen die Industrial IT schützen – ohne die Produktion an sich zu beeinträchtigen. Mit diesem Buch möchte ich das Bewusstsein schärfen, dass Schnellschüsse und eine Insel-orientierte Herangehensweise – wie sie heute noch in vielen Industrieunternehmen häufig auf der Tagesordnung stehen – den Cyberattacken von morgen nicht standhalten werden. Sicher ist auch: Es gibt nicht *den einen* Königsweg. Es werden immer mehrere, individuell passende und aufeinander abgestimmte Sicherheitsmaßnahmen erforderlich sein, die in Zeiten des digitalen Wandels Zukunftssicherheit schaffen. Ich freue mich, wenn ich meinen Lesern mit diesem Buch auf dem Weg zu *ihrer* Lösungsfindung ein Stück Orientierung und die Möglichkeit einer ersten Selbsteinschätzung geben kann, um die wichtigen ersten Schritte hin zu einer eigenen Industrial-IT-Security-Strategie erfolgreich meistern zu können.

Dass dieses Buch entstanden ist, verdanke ich einer ganzen Reihe von Menschen. Meinen besonderen Dank spreche ich aber meiner Frau und meiner Tochter aus, die selbst nach langen Tagen im Büro und auf Dienstreisen akzeptiert haben, dass ich in meiner Dachstube an diesem Buch weitergearbeitet habe. Danken möchte ich auch der Vielzahl an liebgewonnenen Kollegen und Freunden aus dem Volkswagen-Konzern, wie zum Beispiel Michael Sander, Hans-Werner «Hansi» Vogel, Michael Schweiger, René Puppe von Volkswagen Nutzfahrzeuge, Yvonne Mihaylov aus dem Werk Emden und den vielen Instandhaltern und Sicherheitsexperten der Audi AG, von Skoda, MAN Truck & Bus sowie den Produktions-IT-Experten des VDMA für ihre Expertise und Unterstützung. Hervorzuheben ist auch das besondere Engagement von Michael Jochem von Bosch, Ernst Esslinger von der Homag-Gruppe, Tim Cole, Steve Kolumbus und Jörg Ringmeir von Hirschvogel, Thorsten Hamers von Trützschler sowie den unzähligen Kollegen von Phoenix Contact, der Siemens AG, Bosch und Bosch Rexroth sowie der Nobilia und natürlich Herrn Dr. Detlef Houdeau von Infineon. Die Experten des GA5.22 unter Leitung von Heiko Adamczyk haben ebenfalls ihren Anteil an dem Gelingen dieses Buches, ebenso wie die Mitglieder der AG «Sicherheit vernetzter Systeme» der Plattform I4.0. Ihnen allen danke ich recht herzlich. Last but not least gilt mein Dank auch meinem Team der accessec GmbH, Nadine Sinner, Caleb Ketcha, Iratxe Garrido, Sven Feuchtmüller, Janis Kinast, Valdet Camaj, Young-Hwan Kim, Laura-Ann Hauger, Vladimir Stefanov, meinen Gründungspartnern Stefan Schaffner und Claus Mink – ohne ihre Unterstützung und Entlastung wäre dieses Projekt nie zustande gekommen!

Für den letzten Schliff am Inhalt danke ich der Vogel Communications Group, meiner Lektorin und meinem PR-Team der Fuchskonzept GmbH, die mich immer wieder motiviert und angespornt haben – DANKE!

Sebastian Rohr

# Inhaltsverzeichnis

# 1 Einleitung

Spätestens seit den Medienberichten im Jahr 2010 über die sogenannten «Stuxnet»- Angriffe auf iranische Atomanlagen und die erfolgreiche Manipulation eines deutschen Hochofens zur Stahlerzeugung im Jahr 2014 reifte in der Fachwelt die Erkenntnis heran, dass die vormals abgeschottete Automatisierungstechnik in der heutigen Welt des «Internet der Dinge» vernetzt, erreichbar und somit angreifbar geworden ist. Weitere ausgefeilte Angriffe über neuere Ausspäh-Malware wie Havex (2014) und den «Industroyer», der von der Firma ESET im Zusammenhang mit dem Zusammenbruch des Stromnetzes in der Ukraine gebracht wurde, steigerten die Aufmerksamkeit der Verantwortlichen. Im Jahr 2016 wurde auf der BlackHat Asia dann ein experimenteller Wurm namens «PLC-Blaster» vorgestellt, der sich nur auf Siemens S7 vermehrt und ganze Netzwerke lahmlegen konnte. Im Sommer 2018 warnte das ***B****undesamt für* ***S****icherheit in der* ***I****nformationstechnik* (BSI) dann öffentlich, dass die Unternehmen der Energiewirtschaft in Deutschland massiven Angriffen ausgesetzt seien, aber bisher noch keine kritischen Infrastrukturen betroffen wären, sondern lediglich deren Büro-Netzwerke.

Parallel zu den erschreckenden Erkenntnissen über die mangelnde Sicherheit der ICS-/SCADA-Systeme in Produktionsnetzen hat der zunehmende Einsatz von Standard-Informationstechnologie in Produktion, Fertigung und Entwicklung zur Prägung des Begriffs der «Industrial IT» für eben diese nun angreifbaren Systeme geführt, der in klarer Abgrenzung zur «klassischen» Office IT steht. Diese Abgrenzung im Rahmen dieser Einleitung ist wesentlich, denn einer der Kardinalsfehler früher Bemühungen zu mehr (IT-) Sicherheit für Produktionsanlagen war es, die für die Bürokommunikation erstellten Regeln und Technologien unverändert in der Produktion umzusetzen.

Je nach Reifegrad der eigenen Sicherheitsorganisation sowie deren Prozesse und dem generellen Stellenwert der Informationssicherheit im Unternehmen haben sowohl große Konzerne als auch kleine und mittelständische Unternehmen erheblichen Nachholbedarf bei der Bestimmung der eigenen Gefährdungslage, der Exposition kritischer Anlagen, Maschinen oder Produktionsprozesse, der Einschätzung des eigenen Risikopotenzials und der gezielten Bedarfsanalyse für Gegenmaßnahmen. Selbst solche Organisationen, die durch aufgedeckte Angriffe eine hohe Sensibilität für den gesamten Themenkomplex haben, kämpfen mit der Unterscheidung zwischen wirklich nachhaltig sinnvollen und nur kurzfristig medienwirksamen Maßnahmen. Das vorliegende Buch soll auf der einen Seite das notwendige Problembewusstsein schaffen – und auf der anderen Seite sowohl Orientierung geben als auch eine bessere Selbsteinschätzung ermöglichen. Ein Weg dorthin kann über die Anwendung bekannter Ansätze wie etwa des «AKV-Dreiecks» aus der engen Verknüpfung von Aufgaben, Kompetenzen und Verantwortlichkeiten sowie der aus dem Qualitätsmanagement bekannten kontinuierlichen Verbesserungsprozesse (KVP) mit der wiederkehrenden Bewertung der eigenen Risikosituation führen. Eine wichtige Erkenntnis dieses Buches soll es daher sein, dass viele Wege zu einer Verbesserung der IT-Sicherheit in der Produktion führen können – wenn der hierfür notwendige Wandel unter Zuhilfenahme von im Unternehmen bekannten Methoden und Werkzeugen gelingt. Dass diese Aussage mehr ist als eine These, zeigt an geeigneter Stelle ein prägnantes Beispiel einer Adaption der FMEA-Methodik bei der Risikobewertung.

## 1.1 Zweck und Zielgruppe

Da nach Erkenntnissen des Autors in vielen Organisationen weder die Rolle eines «Production Security Officers» oder «Automation Security Officers» bekannt oder gar besetzt ist, sollten zumindest der oftmals etablierte (Chief) Information Security Officer (CISO) und vor allem IT-affine Instandhalter, Inbetriebnehmer sowie Lieferanten von Automatisierungstechnik dieses Werk lesen. Im Grunde sollte jeder mit der Produktion direkt oder indirekt befasste Mitarbeiter – vom auszubildenden Mechatroniker über den Maschinenbauer und Techniker bis hin zum Ingenieur für Automatisierungstechnik – «seinen» Zugang zu diesem wichtigen und zukunftsbestimmenden Thema finden. Dieses Buch soll deshalb auch einen Beitrag zur fachübergreifenden Kommunikation zwischen diesen Personen leisten und für mehr gegenseitiges Verständnis der Beteiligten werben.

## 1.2 Aufbau des Buches

Der Einstieg in die Thematik erfolgt nach Abschluss dieser Einleitung im nichttechnischen respektive soziotechnischen Bereich der Organisation, der Prozesse und Abläufe der Industrial IT Security. Hier werden insbesondere der stetige Fortbildungsbedarf und die Notwendigkeit zur Anpassung von organisatorischen Strukturen adressiert, ohne die eine sichere IT für Produktionsanlagen unmöglich ist.

Im Fokus stehen dabei insbesondere die Risikomanagement-Ansätze, die nur ganzheitlich betrachtet einen wirklichen Mehrwert liefern können (Kapitel 8).

Als erster technisch geprägter Abschnitt führt Kapitel 3 in automatisierte Produktionssysteme und Anlagen ein, die zusammen mit mehr und mehr an Office IT angelehnten Client-Rechnern die Basis für die vernetzte Produktion stellen. Neben einem kurzen Blick auf Whitelisting-Lösungen wird vor allem der Blick für die Dokumentation und die Gesamtsicht der Produktions-IT geschärft – frei nach dem Motto: Man kann nur managen, was man auch kennt!

Kapitel 4 thematisiert dann konkret die übergreifende Vernetzung der Produktion und welche Maßnahmen zur Netzsegmentierung sinnvoll umgesetzt werden können, um gezielt Bedrohungspotenziale zu reduzieren. Hierbei kommt dem Abschnitt «Remote Access» eine besondere Bedeutung zu.

Das fünfte Kapitel gibt eine Einführung in die Sicherheit von SCADA/ICS-Komponenten (***S****upervisory* ***C****ontrol* ***a****nd* ***D****ata* ***A****cquisition* / ***I****ndustrial* ***C****ontrol* ***S****ystems*). Es sei erwähnt, dass die Sicherheit dieser Systeme in den vergangenen Jahren durch die Hersteller verbessert wurde, aber weiterhin ein hoher Bedarf für die Absicherung der Bestandssysteme erkennbar ist. Hier sind vor allem Instandhaltung und Automatisierungsspezialisten gefragt.

Insbesondere vor dem Hintergrund eines hohen Bedarfs für die Verwaltung von Assets, Personen und Berechtigungen diskutiert der Autor in Kapitel 6 Verzeichnisdienste und ihre Eignung und Mehrwerte für den Einsatz in Produktionsanlagen. Der Fokus in diesem Kapitel liegt auf dem Einsatz von Microsoft-Active-Directory-Technologien.

Kapitel 7 gibt einen Überblick zur Sicherheit von industriellen Softwareprodukten und Anwendungen und stellt Auswahlkriterien und Hinweise zur Beschaffung und Entwicklung eigener Software bereit. Abschließend werden in diesem Kapitel auch beispielhafte Anwendungsszenarien und besondere Herausforderungen für das Management der Industrial IT und ihrer Sicherheitsrisiken dargestellt. Kapitel 7 betrachtet Besonderheiten und Ausnahmefälle in der Industrial IT, wie sie etwa durch die Safety-Zertifizierungen und die Abnahmen sowie die in der Vergangenheit üblichen Verbote von Änderungen an abgenommenen Systemen entstanden sind.

Das Risikomanagement wird dann in Kapitel 8 im Rahmen einer Einführung thematisiert, um einen Einstieg zu ermöglichen. Für weitergehende Ausführungen empfiehlt sich die umfangreiche Fachliteratur zum Thema Enterprise Risk Management und ein Blick in die Standards der IEC 62 443 sowie der ISO 27 000 für die Umsetzung im Rahmen eines Informationssicherheits-Management Systems.

Das im Jahr 2018 nahezu allgegenwärtige Thema Industrie 4.0 wird im abschließenden Kapitel 9 kurz umrissen, und einige Highlights und neuere Erkenntnisse der Plattform Industrie 4.0, der Verbände Bitkom, VDMA und ZVEI sowie aus dem Forschungsprojekt IUNO des BMBF, an dem der Autor beteiligt war, finden hier Einfluss.

## 1.3 Abgrenzung

Einige der folgenden Kapitel beschreiben konkrete technische Ansätze, deren Wirksamkeit und Sinnhaftigkeit in Abhängigkeit von Branche, Größe und Maturität der betreffenden Organisation jedoch stark differieren kann. Eine Reihe der organisatorischen Hinweise und Forderungen sind durch die damit verbundenen Personalkosten nur bedingt in kleinen oder mittelständischen Unternehmen anwendbar. Der Leser ist dennoch eingeladen, sich von den teilweise recht konkret vorgestellten Beispielen inspirieren zu lassen und die Anwendbarkeit und Zielführung der beschriebenen Maßnahmen für die eigene Organisation zu prüfen. Auch gibt der Autor zu bedenken, dass die Umsetzung rein technischer Lösungen oder der Kauf von Produkten im Schnellverfahren oftmals ihre Wirkung verfehlen, wenn die begleitenden Prozesse nicht optimal ausgerichtet sind, keine Verantwortlichkeiten benannt und Aufgaben zusammen mit den entsprechenden Kompetenzen verteilt werden. Die Schlüsselposition nehmen hier erneut befähigte, motivierte und engagierte Mitarbeiter ein, die über Schulungen das notwendige Wissen vermittelt bekommen, in Labors und Testumgebungen ihre Kenntnisse erweitern und im Anschluss in funktional übergreifend arbeitenden Teams ihr Wissen mit anderen Fachbereichen, Standorten und Funktionen teilen. Der beste Schutz vor erfolgreichen Angriffen auf die Industrial IT sind und bleiben nun einmal das Wissen und die Erfahrungen derjenigen, die die Systeme planen, akquirieren, installieren, integrieren und bis zu ihrer Abschaltung instand halten und betreiben. Dieses relevante Wissen in einem notwendigen Maße zu teilen, schafft die Basis für ein tiefes IT-Sicherheitsverständnis der Mitarbeiter in einer Organisation.

# 2 Organisationsanforderungen für den Aufbau einer Industrial IT Security

Die größte auf Produktionsanlagen der Industrial IT Security übertragbare Erkenntnis der IT-Sicherheit der vergangenen 20 Jahre ist wahrscheinlich die, dass die Bemühung um mehr Sicherheit eher einer Reise gleicht als einem Ziel – wobei sich den längerfristig mit IT-Sicherheit befassten Experten in der Regel schnell zeigt, dass sich selbst das Ziel dieser Reise ständig ändert. Hieraus abzuleiten, dass das Erreichen von mehr Sicherheit einer Reise ohne Ziel gleicht, verfehlt die Realität jedoch deutlich. Vielmehr muss derjenige (oder diejenigen, falls es eine Gruppe ist), der für mehr IT-Sicherheit im Unternehmen die Verantwortung trägt, seine Bemühungen so weit wie möglich an der IT-Strategie des Unternehmens ausrichten. Folglich muss auch der Zielkanon der Informationssicherheit einer Organisation an ihren strategischen Zielen ausgerichtet sein. Oder kurz: Die Unternehmensstrategie setzt Ziele und Rahmen für die Informationssicherheits-Strategie und die IT-Strategie. Die Ziele der IT und der Informationssicherheit bereiten wiederum den Rahmen für die Ziele der Industrial IT und der IT-Sicherheit im Unternehmen.

**TIPP**

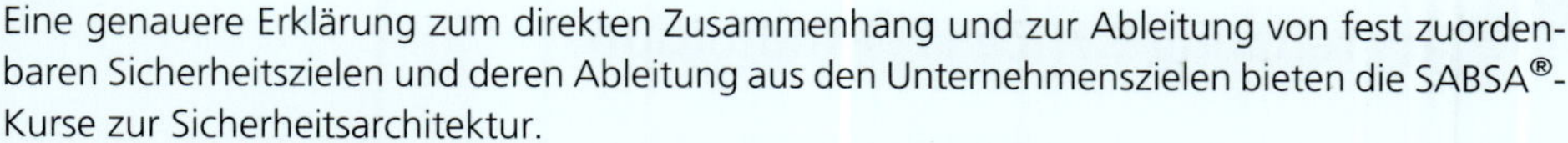

Eine genauere Erklärung zum direkten Zusammenhang und zur Ableitung von fest zuordenbaren Sicherheitszielen und deren Ableitung aus den Unternehmenszielen bieten die SABSA®-Kurse zur Sicherheitsarchitektur.

Wer sich der Informationssicherheit aus Sicht der Auditoren nähern will, dem sei die Fortbildung zum ***C**ertified **I**nformation **S**ystems **A**uditor* (CISA) empfohlen – wer eher die Sicht des internen Planers für Informationssicherheit einnehmen möchte, dem sei der ***C**ertified **I**nformation **S**ecurity **M**anager* (CISM) – beides Angebote der ISACA – nahegelegt. Eher technisch orientierte Personen werden durch den ***C**ertified **I**nformation **S**ystem **S**ecurity **P**rofessional* (CISSP) der $(ISC)^2$ oder die einschlägigen Fortbildungen von SANS oder etwa des VDI-Wissensforums bedient.

Sich mit den Zusammenhängen und Einflussfaktoren im Feld der IT-Sicherheit zu befassen, ist längst keine Kür mehr, sondern eine Pflicht geworden. Immerhin stellt die globalisierte Welt nahezu alle Organisationen vor bisher ungeahnte Herausforderungen, was die Adaption an die sich immer schneller verändernde Umwelt und die globalgeografisch «regionalen» Märkte angeht. Infolge dessen müssen sie in immer schnellerer Abfolge ihre Strategie anpassen. Und dies hat im Bereich der Informationstechnologie mit Verbreitung des Internets, der mobilen Revolution, der eintretenden digitalen Transformation und der Schaffung des Internets der Dinge (***I**nternet **o**f **T**hings*, IoT) erhebliche Auswirkungen auf die Dynamik der (Industrial) IT.

Hier als CISO oder Sicherheitsverantwortlicher Schritt halten zu können, erfordert neben persönlichen Fähigkeiten und umfangreichem Wissen und Erfahrungen auch ein hohes Maß an Adaptionsfähigkeit, persönlicher Lernbereitschaft sowie ein ebenso adaptives Netz abgestimmter Prozesse, die diesen schnellen Wandel abfedern und in geordnete Bahnen lenken. Dieses einführende Kapitel beschreibt die Anforderungen an ein Prozessgeflecht der Informationssicherheit für die Industrial IT und zeigt auf, an welchen Stellen die «etablierten» Prozesse und Regelungen der Office IT nicht auf die Industrial IT übertragbar sind und folglich angepasst oder gar neu definiert werden müssen.

Um IT-Sicherheitsprozesse für diese komplexe Umgebung erfolgreich planen, umsetzen und aufrechterhalten zu können, muss eine geeignete Organisationsstruktur für die Informationssicherheit vorhanden sein. Es bedarf also der Definition von Rollen, die die verschiedenen Aufgaben für die Erreichung der im Vorfeld vereinbarten Sicherheitsziele wahrnehmen. Außerdem müssen Personen benannt sein, die qualifiziert sind und denen ausreichend Ressourcen zur Verfügung stehen, um diese Rollen auszufüllen.

Die bereits in Abschnitt 1.1 dargestellten Unterschiede zwischen Office IT und Produktion führen dazu, dass auch das Informationssicherheits-Management (ISMS) für die Produktion sich vom ISMS der Office-Welt unterscheidet. Um diese Abweichungen jedoch sinnvoll einordnen zu können, werden im folgenden Abschnitt zunächst die Unterschiede zwischen Office IT und Industrial IT herausgearbeitet.

**DEFINITION**

**ISMS** = **I**nformations**s**icherheits-**M**anagement-**S**ystem; Aufstellung von Verfahren und Regeln innerhalb eines Unternehmens, die dazu dienen, die Informationssicherheit dauerhaft zu definieren, zu steuern, zu kontrollieren, aufrechtzuerhalten und fortlaufend zu verbessern.

## 2.1 Abgrenzung Office IT-Produktion

Die größten Abweichungen zwischen Office und Produktion ergeben sich durch die Rahmenbedingungen, wie beispielsweise:

- Die hohen Verfügbarkeitsanforderungen der Produktion erschweren das in der Office IT übliche Einspielen von Updates, falls diese nicht durch Vorgaben der Lieferanten oder Hersteller zu Garantie und Gewährleistung ausgeschlossen sind;
- die lange Lebensdauer von Produktionsanlagen im Vergleich zur Office IT;
- mangelnde Berücksichtigung der IT Security und Informationssicherheit bei der Konzeption der eingesetzten Systeme, Protokolle und Technologien;
- mangelnde (Sicherheits-) Vorgaben für Genehmigungen und Betrieb der Anlagen oder Komponenten;
- Zielkonflikte zwischen Safety und Security – «abgenommene Anlagen» können bzw. sollen nicht durch Software Updates verändert werden.

### Begrifflichkeiten und Bezeichnungen

Neben der eher übergeordneten Bezeichnung der Industrial IT haben sich Begriffe wie Shopfloor IT (für IT-Komponenten «in der Werkhalle» – oder auf Englisch «*on the shopfloor*») und «***O**perational **T**echnology*» (OT) etabliert. Die Abkürzung «OT» wird in Anlehnung an und als Abgrenzung zu «IT» gerne auch im Umfeld des Internet der Dinge (Internet of Things, IoT) verwendet und bei einer Gegenüberstellung der Bereiche als «IT / OT genutzt. Es bleibt abzuwarten, ob sich einer dieser Begriffe durchsetzen wird und ob sich zwischen ihnen eine Hierarchie etabliert.

Ein Kernpunkt der IT-Sicherheit und der Informationssicherheit wird durch die sogenannten Schutzziele gebildet. Aus dem Englischen abgeleitet, wird dabei oft von der sogenannten «CIA-Triade» gesprochen, die aus ***C**onfidentiality* (Vertraulichkeit), ***A**vailability* (Verfügbarkeit) und ***I**ntegrity* (Integrität) gebildet wird. Dazu werden ergänzend *Authenticity* (Authentizität) und

*Non-Repudiation* (Nicht-Abstreitbarkeit) genannt, die in einigen Standardwerken als gleichberechtigte Schutzziele genannt werden. Zu beachten ist, dass die im Office-Netz nahezu immer zuerst genannte Vertraulichkeit in den allermeisten Produktionsanlagen eine eher untergeordnete Rolle spielt. Die Produktion setzt – verständlicherweise, bei den harten Vorgaben zu Ausstoß und Stückzahlen je Zeiteinheit – ihr Augenmerk auf die Verfügbarkeit der Anlagen und Systeme und priorisiert diese zumeist sehr stark. Erst mit größerem Abstand folgt dann die Integrität (um die Korrektheit der übertragenen Daten zu sichern) und erst ganz am Ende wird sich um Vertraulichkeit gekümmert (nicht zuletzt, weil die hierfür erforderliche Verschlüsselung oft zu Verzögerungen bei der Übermittlung und Analyse der relevanten Daten führen würde – in einem von Echtzeitanforderungen dominierten Bereich ein echtes No-go!).

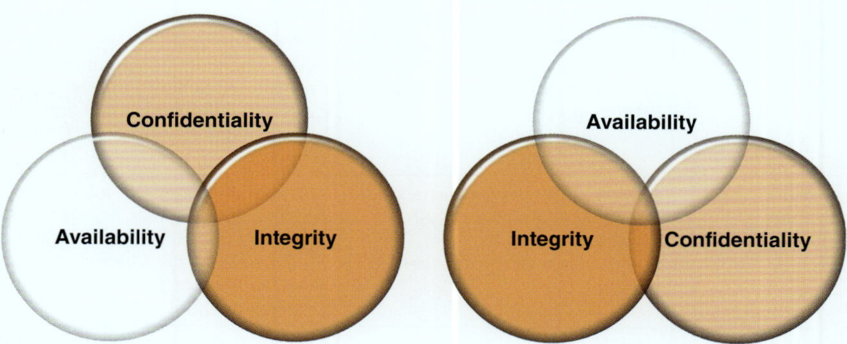


***Bild 2.1*** *CIA gegen AIC*

Neben den in Bild 2.1 dargestellten generellen Abweichungen bei der Priorisierung der Schutzziele muss vor allem beachtet werden, dass diverse technologische und organisatorische Rahmenbedingungen grundlegend unterschiedlich sind. Hierzu zählen unter anderem

- keine oder kaum Standardisierung der genutzten Hardware,
- keine oder kaum Standardisierung der genutzten Software,
- fehlende Standards und Technologien für Softwareverteilung und Asset Management,
- keine definierten Meldewege und Verfahren zur geregelten Annahme von Incidents,
- fehlende Zuordnung der Assets (Geräte, Peripherie, Programme) zu Verantwortlichen,
- fehlende Vorgaben für die Einkaufsbedingungen und Integrationsvorgaben für/von IT-Anteilen in Steuerungen, Maschinen und Produktionsanlage.

Insbesondere der Bedarf für Aufbau-organisatorische und personelle Änderungen zur Bewältigung dieser Unterschiede kann im Rahmen dieses Buches nur angerissen werden, da auf Basis der unterschiedlichen Unternehmensgrößen, Organisationsformen und internen Prozesse nur schwer generelle Handlungsvorschläge abzuleiten sind. Dennoch sollte sich der geneigte Leser vermehrt Gedanken um die strategische Änderung dieser Punkte machen, da jede ohne Vorgaben neu angeschaffte Anlage und jeder neue, nicht standardisierte PC in einer Maschinensteuerung erhebliche Folgekosten im Management der heterogenen Landschaft verursachen wird!

***Tabelle 2.1*** *Gegensätze Produktion–Office*

| Kategorie | Office IT | Industrial IT |
|---|---|---|
| **Signall-Laufzeiten und Antwort-verhalten** | Keine garantierten Abarbeitungszeiten<br>Hohe Latenz u.U. akzeptabel<br>Ethernet-typisch «best effort» | Garantierte Abarbeitungszeiten<br>Latenz ist zum Teil hart begrenzt<br>Bus-Kommunikation teilweise deterministisch |
| **Verfügbarkeit / Neustarts** | Reboot von produktiven Server-Client-Systemen nicht ungewöhnlich<br>Kurzfristig anberaumte Wartungsvorgänge möglich (z.B. kritischer Patch)<br>Wartungsausfälle verursachen planbare Kosten | Reboot im produktivem Umfeld nicht akzeptabel<br>Wartungszyklen nur mit langem Vorlauf, ausgerichtet an Anlagen-Instandhaltungsaufgaben<br>IT-Wartungsausfälle verursachen hohe Kosten |
| **Priorisierung der Schutzziele** | Vertraulichkeit und Integrität von Daten stehen im Vordergrund<br>Wesentliche Risiken betreffen die nachhaltige Störung von Geschäftsprozessen | Schutz von Mensch und Umwelt stehen im Vordergrund<br>Wesentliche Risiken betreffen den unzureichenden Schutz von Menschen und die Zerstörung von Produktionskapazitäten. Auswirkungen auf die Umwelt sind möglich |
| **Systemressourcen / Dediziertheit** | Systemressourcen ausreichend, um Installation von IT-Security-Tools zu erlauben<br>Interdependenzen vorhanden, aber beherrschbar | Installation fremder Softwarekomponenten auf Systemen erst nach Freigabe durch Lieferant oder nach Ablauf Gewährleistung, z.B. Virenschutz oder Whitelisting nur unter Verlust der Hersteller-Wartung |
| **Lebenszeit der Komponenten** | Wenige Jahre | Bis zu 20 oder 25 Jahre |

Aus Tabelle 2.1 wird ersichtlich, dass die Unterschiede in der Betrachtung und Nutzung zwischen klassischer Office IT und der Industrial IT deutlich sind. Neben den bereits durch die Schaffung von «Industrial PC»-Hardware adressierten Problemen mit den teilweise rauen Umgebungsbedingungen für den Betrieb von IT-Komponenten blieben in den vergangenen zehn Jahren die besonderen Herausforderungen hinsichtlich Laufzeit, Stabilitätsanforderungen an die Systeme und deren Verfügbarkeit weitgehend unbeachtet.

Dies führt unter anderem dazu, dass durch fehlende Einkaufsanforderungen noch zum Zeitpunkt der Planung dieses Buches Produktionsmaschinen mit dem lange abgekündigten Betriebssystem Windows XP ausgeliefert wurden, weil die für den Betrieb der Anlagen notwendigen Softwarekomponenten nicht mit modernen Alternativen lauffähig sind und der Anlagenbauer die Migration nur langsam (oder gar nicht) vorantreibt. Hier zeigt sich ein «System-inhärentes Problem», in dessen Spannungsfeld sich die Industrial IT bewegt: Die Betreiber haben es bislang versäumt, «IT-Komponenten auf dem neuesten Stand der Technik» zu fordern (oder sie scheuen den Mehraufwand bei der Beschaffung), während die Anlagenbauer und Maschinenintegratoren die Investition in eine neue IT-Generation vermeiden wollen, da sie dies nicht mit ihren Bedürfnissen nach «mehr Funktionalität» mit höheren Preisen kompensieren können. Dass sowohl für den Anlagenbauer als auch für den Betreiber die strategischen Kosten des Betriebs solch inhärent unsicherer (und durch die o.g. Limitierungen über Jahre hinweg noch kritischer werdenden) Altlasten die Mehrkosten einer Investition in aktuelle und vor allem «aktualisierbare» IT-Komponenten bei weitem übersteigen (werden), ist offensichtlich.

## 2.2 Organisation und Industrial IT Security

Erst in wenigen Organisationen hat sich die Erkenntnis durchgesetzt, dass die Betrachtung der Informationssicherheit in der Produktion oder in produktionsnahen Umfeldern eine eigene Disziplin ist und entsprechende Expertise benötigt. In weiten Teilen kann beobachtet werden, dass etablierte Sicherheitsfunktionen wie beispielsweise der CISO oder der IT-Sicherheitsbeauftragte die Verantwortlichkeit für die IT-Komponente in der Produktion ablehnen oder diese aus ihrem Verantwortlichkeitsbereich heraus definieren. Diese Art der Abgrenzung führt unweigerlich zu einem Vakuum an Zuständigkeit und damit zu einer ausbleibenden Governance über diese Systeme. Ohne einen verantwortlichen Ansprechpartner bzw. verantwortliche Personen für Informationssicherheit in der Produktion können die Prozesse der Sicherheit folglich nicht ausreichend strukturiert und kontrolliert werden.

**DEFINITION**

**Governance** (frz.: *gouverner* = verwalten, leiten, erziehen; Unternehmensführung) bezeichnet allgemein das Steuerungs- und Regelungssystem im Sinn von Strukturen (Aufbau- und Ablauforganisation).

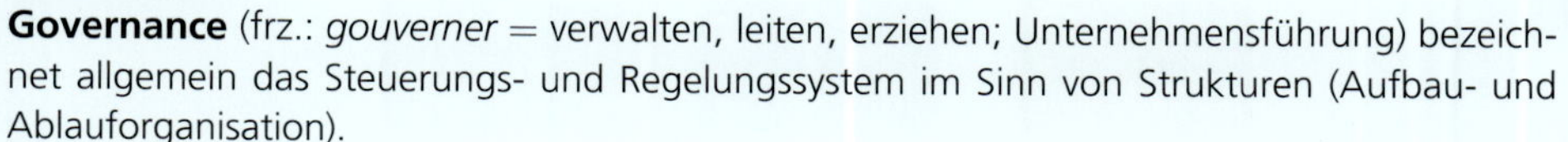

Folgende Elemente haben sich als wesentliche Bausteine für eine funktionierende IT-/Informations-Sicherheitsorganisation erwiesen:

- Die Aufbauorganisation des Unternehmens zeigt klare Governance-Strukturen und eine enge Zusammenarbeit zwischen ***O**perational **T**echnology* und ***I**nformation **T**echnology* (OT-IT-Kooperation).
- Es gibt (eine) dezidierte verantwortliche Person(en) für die OT / Industrial IT.
- Es gibt eine dezidierte verantwortliche Person für die OT-/Industrial-IT-Sicherheit.
- Die Struktur kooperiert nach Best Practices und Governance-Mechanismen, in Sonderfällen mit Ausnahmegenehmigung mit lokalen Prozessen und Sicherheitsvorgaben (etwa bei fehlendem Personal).
- In größeren Organisationen hat sich eine Verantwortlichkeitshierarchie auf Matrix-Prinzip als geeignet gezeigt, bei der die OT / Industrial IT disziplinarisch an die Werksebene berichten und eine fachliche Führung und Unterstützung von der geografischen oder zentralen IT (***C**hief **I**nformation **O**fficer*, CIO) erhalten. Hierbei ist zumindest eine Stabsfunktion «OT» unterhalb des CIO einzurichten, um die Belange der OT zentral vertreten zu können.
- Eine hierzu analog aufgebaute Unterstützung im Bereich der Informationssicherheit etabliert einen «***P**roduction / **A**utomation **S**ecurity **O**fficer*» (PSO, ASO), der direkt an die Werkleitung berichtet und fachlich vom CISO der Gesamtorganisation unterstützt wird. Auch hier empfiehlt sich, eine dedizierte Stabstelle für die Koordination der PSO/ASO- Angelegenheit beim CISO einzurichten.
- Die verantwortlichen Personen wurden mit denen für ihre Rollen notwendigen Schulungen und Know-how ausgestattet – die Beziehungen, Berichtswege und Prozesse wurden allen Beteiligten vermittelt und dokumentiert (Bild 2.2).

Für die Hersteller von Anlagen und Automatisierungstechnik ist es zudem wichtig, eine(n) Product Security Officer als Funktion einzurichten, der sich um die Sicherheitsanforderungen der verkauften Anlagen und Steuerungen kümmert, die Sicherheitsanforderungen aus den

Ausschreibungen und Vertriebsgesprächen mit den Kunden sammelt und koordiniert sowie für die Einhaltung der geltenden Vorschriften sorgt. Sowohl die Betreiber als auch die Integratoren benötigen umfassende Informationen über die Sicherheitseigenschaften (Security) der Komponenten und Anlagen, um diese möglichst sicher einzurichten und betreiben zu können. Im Umfeld der Safety ist dies bereits üblich und muss nun dringend für die Informationssicherheit nachgeholt werden. Verbände wie der ZVEI und der VDMA haben hierzu umfangreiches Material erarbeitet und bieten ihren Mitgliedern bereits Leitlinien mit Mindestanforderungen an. Diese sind über die Webseiten der Verbände sowie deren dedizierte Ansprechpartner leicht aufzufinden und sind zumeist auch für nicht dem Verband angehörende Unternehmen kostenfrei einzusehen.

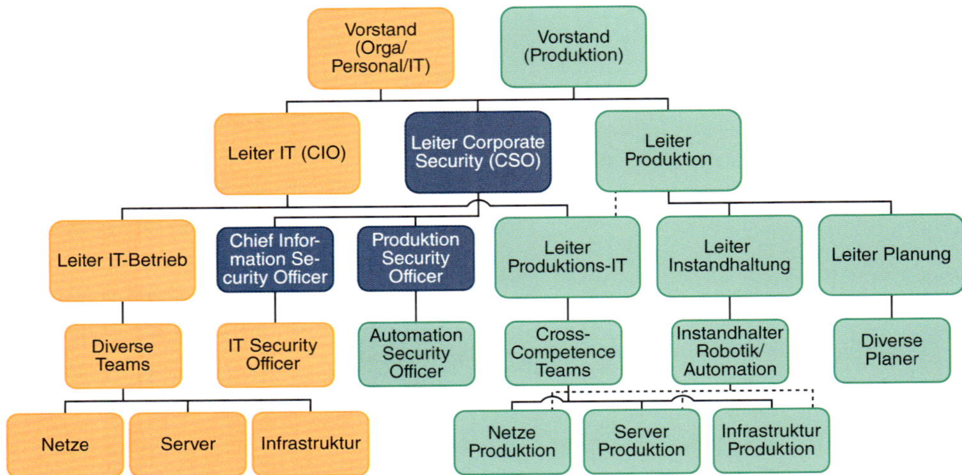


***Bild 2.2*** *Mögliche Organisation mit dedizierten Verantwortlichen für IT-Sicherheit*

## 2.3 Policies, Standards, Leitlinien und deren Anwendbarkeit

In Abwesenheit dedizierter Verantwortlichkeiten oder geeigneter Stellen in der Organisation wird nach «Entdeckung» der vielfältigen Industrial OT festgestellt, dass die vorhandenen Policies und Regelwerke gar nicht oder nur stark angepasst umsetzbar wären (Beispiel Antivirus in Steuerungs-PCs, regelmäßiges Patchen von Industrial-IT-Komponenten usw.). Es ist in den meisten Organisationen zwingend erforderlich, diese Policies und Regelwerke zumindest maßgeblich zu überarbeiten und zu ergänzen oder – mit deutlich besserer Erfolgsaussicht – direkt spezielle Regelwerke für die Industrial IT-Komponenten zu erlassen. Diese sollten unter direkter Mitwirkung der Instandhaltung, der Planungsingenieure und den Verantwortlichen für Shopfloor IT (falls vorhanden) erstellt werden, damit die Anforderungen realitätsnah aufgenommen werden.

Bild 2.3 zeigt, wie sich eine Hierarchie von Regelwerken aus Sicht der ISACA (Berufsverband der IT-Revisoren, IT-Sicherheitsmanager sowie der IT-Governance-Experten) darstellt. Hierzu muss ergänzt werden, dass die Policy der obersten Ebene durchaus unterhalb einer umfassenderen «Enterprise» Policy angeordnet sein kann. Die Policy an der Spitze der Pyramide stellt eine sehr abstrakte, kurze Anweisung dar, wie die Organisation mit Informationssicherheit umgehen will und soll. In ihr wird regelmäßig auf die darunter angesiedelten Standards und Leitlinien hingewiesen,

***Bild 2.3*** *Policy-Hierarchie in Anlehnung an ISACA – CISA (Certified Information System Auditor)*

die konkretere Regeln für die Nutzung bestimmter Technologien oder die Abläufe und Prozesse definieren. Daraus ergibt sich zwangsläufig, dass die Regelwerke in absteigender Reihenfolge häufiger angepasst werden müssen. Eine Corporate Policy für Informationssicherheit sollte folglich nur minimal angepasst werden, um auch die OT / Industrial IT abzudecken. Die Standards, Richtlinien und Prozeduren unterhalb bedürfen vermutlich mehr Aufmerksamkeit, bis hin zur Erstellung neuer Dokumente, die sich spezifisch auf die Komponenten der OT beziehen. Sowohl die OT / Industrial IT betreffenden Standards als auch die Leitlinien und Prozeduren müssen in einen geregelten Lebenszyklus überführt werden und benötigen jeweils einen Verantwortlichen, der für die regelmäßige Anpassung der Inhalte an den Stand der Technik sorgt. Darüber hinaus empfiehlt sich die Einrichtung einer Governance-Funktion für die Überwachung und Einhaltung der Updates und Ergänzungen. Diese kann – zumal sich hier eher Kontrollfunktionen konzentrieren – außerhalb der Produktion und innerhalb eines Enterprise Governance oder Ähnlichem befinden.

## 2.4 Gefährdung der Industrial IT Security und abgeleitete Anforderungen

### 2.4.1 Problemfeld «Fehlende Awareness der Mitarbeiter»

Die größte Herausforderung für die Sicherheit der Industrial IT ist das fehlende Bewusstsein für die Kritikalität der aktuellen Sachlage. Zwar konnten die Medienberichte über manipulierte Steuerungstechnik für Zentrifugen (Stuxnet, Busheer, Iran) und Stahlproduktion (deutscher Hochofen) sowie die offen über das Internet erreichbaren Haus-, Heizungs- und sonstigen Steuerungen (Heise Verlag 2014/2015) ein gewisses Maß an Aufmerksamkeit generieren, dies führte jedoch eher zu halbherzigen Aktionen hinsichtlich der Schließung allzu offensichtlicher Lücken, nicht jedoch zu nachhaltigem Umdenken bei der Entwicklung und der Inbetriebsetzung von vernetzen Steuerungskomponenten. Die derzeitigen (2018) Projekte rund um Industrie 4.0 sowie das Internet der Dinge und die damit einhergehende Betrachtung von Sicherheitsaspekten ist zwar ein entscheidender Schritt in die richtige Richtung, hierbei wird jedoch oftmals – bewusst oder unbewusst – auf eine Berücksichtigung der bereits vernetzten, aber schlecht gesicherten Bestandssysteme verzichtet. Folglich ist eine der wichtigsten Maßnahmen für eine Verbesserung der Sicherheitslage in der Industrial IT die Schaffung von mehr Verständnis für das Vorhandensein von Informationstechnik in der Produktion bei den Entscheidern und die klare Darstellung der mit Vernetzung und fehlenden Schutzmaßnahmen verbundenen Risiken für die Wertschöpfungsprozesse im Unternehmen.

### 2.4.2 Unzureichende Dokumentation der Anwendungen und Systeme («Graue IT»)

Eine besondere Schwachstelle der Industrial IT ist die oft unzureichende Dokumentation der IT-Komponenten in Produktionsanlagen und komplexen Maschinen. Im Gegensatz zur oft sehr ausführlichen und durch Qualitätsmanagement stetig verbesserten Dokumentation der mechanischen und «Safety-kritischen» Komponenten einer Anlage sind die Informationen hinsichtlich der verwendeten oder installierten IT-Systeme, Betriebssysteme, Anwendungen, Tools und Datenbanken oder Verzeichnisse oft mangelhaft, bestenfalls dürftig oder teilweise schlicht und ergreifend überhaupt nicht vorhanden. Dies erschwert maßgeblich die sinnvolle Verwaltung der vorhandenen Assets, da zunächst eine umfassende und detaillierte Erhebung erfolgen muss, um anschließend die fehlende oder unzureichende Dokumentation so zu ergänzen, dass eine Fehlerdiagnose und -behebung überhaupt möglich ist. Zwar haben die betroffenen Mitarbeiter sich die notwendigen Kenntnisse über die Anlage zumeist erarbeitet und können Fehler eingrenzen, eine Übergabe an Dritte oder eine gezielte Suche nach Details bleibt jedoch ohne diese Dokumentation nahezu unmöglich.

Durch fehlende Dokumentation kann zudem ein trügerisches Gefühl der Sicherheit entstehen, das in kritischen Situationen zu Fehlentscheidungen und falschen Informationsständen führt. Eine aus Sicht der IT-Sicherheit gute Dokumentation zeichnet sich insbesondere durch eine klare Darstellung der verwendeten IT-Komponenten und Systeme, deren Versionsstände und Konfigurationsparameter aus. Des Weiteren sind vollständige Informationen zu verwendeten Protokollen, IP-Adressen, Ports und allgemeinen Kommunikationspartnern von überragender Wichtigkeit. Im Idealfall erstellt der Errichter ein Kontextdiagramm, aus dem klar ersichtlich wird, welche Systeme mit welchen anderen Systemen über welche Sockets kommunizieren. Dies schließt eine umfassende Darstellung der Benutzer- und Systemkonten, Passwörter und deren jeweiligen Anwendungskontext ein. Insbesondere Systemkonten und technische Konten mit hohen Privilegien sind ausführlich zu dokumentieren, so dass der Betreiber jederzeit in der Lage ist, notwendige Anpassungen auch ohne die Unterstützung des Herstellers oder Lieferanten auszuführen. Falls dies aus Gründen der Gewährleistung nicht erwünscht ist, so ist zumindest eine Hinterlegung dieser Informationen bei einem Treuhänder oder ein «Escrow-Verfahren» zur Einsichtnahme in diese Daten (etwa bei Insolvenz des Lieferanten) zu vereinbaren.

**DEFINITIONEN**

**Sockets** ist die Bezeichnung für eine Kombination aus IP-Adresse (Schicht 3 des ISO/OSI-Modells) und (TCP/UDP-) Port (Schicht 4) zur Beschreibung der Kommunikation zwischen zwei Knoten, etwa Source 192.168.2.12:4677 – Destination 192.168.2.211:80 – der Aufruf einer Webseite auf dem Server.

***Escrow-Verfahren:*** eine Synchronisationsmethode von Transaktionen zum Einbringen von Daten in die Datenbank.

***Plain WRONG*** in diesem Umfeld ist ein Escrow-Verfahren – eine Möglichkeit der Einsichtnahme in den Source-Code, wenn die Firma pleite geht oder sonstwie die Software «verliert».

Ein weiteres Problemfeld sind kleinere IT-Systeme, bei denen die Zuordnung eines Verantwortlichen bzw. eines Systemeigentümers fehlt. Diese – oft als «graue IT» bezeichneten, zumeist durch interne Kräfte, Praktikanten oder Werkstudenten erstellten – unterstützenden Systeme werden durchaus von mehreren Anwendern oder Anwendergruppen genutzt, eine richtige Zuständigkeit wurde jedoch nie definiert – von einem geregelten «IT-Lebenszyklus» mit einer ordentlichen Versorgung mit Updates und Support oder Weiterentwicklung ganz abgesehen. Oftmals haben sich jedoch starke Abhängigkeiten von oder zu dem System entwickelt, die eine intensive Betreuung und Pflege notwendig machen. Neben der «Nach-Dokumentation» solcher Anwendungen ist dann die Benennung eines «Systemeigners» die erste Maßnahme, die oftmals in die Erstellung eines koordiniert entwickelten und unterstützenden Ersatzsystems mündet, das über entsprechende Dokumentation und Zuständigkeiten verfügt.

### 2.4.3 Fehlende Überwachung der Infrastruktur und Anwendungen

Die Überwachung der Produktionstechnologie hinsichtlich ihrer Leistung, Abnutzung und Verbrauchsmaterialien ist eine Standardaufgabe in der Produktions- und Anlagentechnik. So werden gewöhnlich die Produktion betreffende Warnungen (z.B. bei unterschrittenen Füllständen) und technische Parameter (z.B. Temperaturen, Ventilstellungen) abgebildet. Dagegen fehlt es häufig an einer angemessenen Überwachung der unterstützenden IT-Infrastruktur [1].

Diese Beobachtung und Auswertung bietet jedoch erhebliche Mehrwerte, da die Analyse des Netzwerkverkehrs oder der Auslastungsparameter der IT-Komponenten Rückschlüsse auf möglicherweise bislang unentdeckte Angriffe oder Manipulationsversuche ermöglicht. Zu diesen Ereignissen zählen erfolglose und erfolgreiche Authentifizierungsversuche an IT-Komponenten, eine erhöhte Auslastung des Netzes an Knotenpunkten und fehlerhafte Zugriffsversuche auf Dateien oder Speicher / Verzeichnisse. Darüber hinaus kann auch eine mangelhafte, unübersichtliche Darstellung der Ereignisse dazu führen, dass Warnungen und Fehler verspätet erkannt werden. Experten raten darum dringend, zumindest grundlegende Überwachungsprozesse zu etablieren und die daraus resultierenden Log-Nachrichten und Meldungen an zentraler Stelle zu sammeln und – nach Möglichkeit – semi-automatisiert auszuwerten. Als Einstieg bieten sich als mögliche Werkzeuge Syslog-Server und Open-Source-Netzwerk-Monitoring-Lösungen wie etwa Nagios an. Darüber hinaus kann die Analyse von Daten über Werkzeuge wie Splunk (in der «Light»-Variante) erfolgen. Weitere kommerzielle Werkzeuge sind WhatsUp GOLD oder der Industrial Defender von Lockheed Martin. Mit dem Fokus auf das Risiko Management kann hier «IRMA» des deutschen Anbieters Achtwerk eine Alternative darstellen, die auch Überwachung und Reporting abdeckt. Als weiterer Vertreter der passiv lauschenden Systeme mit erweiterten Analysefunktionen hat sich das israelische Unternehmen Cyberbit mit seinem SCADA Shield einen Namen gemacht. Ebenfalls in diesem Bereich tätig, kann das deutsche Startup-Unternehmen Rhebo GmbH genannt werden, das mit seinen Produkten ebenfalls einen tieferen Einblick in die Welt der industriellen Kommunikation gibt.

**DEFINITION**
**Syslog**: ein Standard zur Übermittlung von Log-Meldungen in einem IP-Rechnernetz.

## 2.5 Organisatorische Maßnahmen

Dieser Abschnitt führt in mögliche organisatorische Maßnahmen für die Betreiber von Automatisierungs- bzw. Produktionsanlagen mit steigenden IT-Anteilen ein. Diese Maßnahmen sind eine Zusammenstellung erprobter Ansätze aus diversen Projekten und beziehen sich auf Standards wie etwa ISO 27 000 / IT-Grundschutz, IEC 62 443 und VDI 2182.

Die beschriebenen Maßnahmen stellen lediglich den Einstieg in einen geordneten IT-Sicherheitsprozess innerhalb der Produktion dar und setzen eine intensive Analyse der vorhandenen

IT voraus. Ohne den Aufbau eines umfassenden Managements für die Informationssicherheit auf Basis der genannten Standards wird keine Einzelmaßnahme nachhaltigen Erfolg zeigen. Es muss folglich das Bewusstsein geschaffen werden, dass die alleinige Erstellung und Verabschiedung einer Policy oder die Verschlüsselung jedweder Kommunikation weder hilfreich noch zielführend sein kann. Bei der Einführung geeigneter Maßnahmen sollten Entscheider vielmehr beachten, dass diese in für das Unternehmen oder die Standort-Organisation sinnvoller Reihenfolge durchgeführt werden. Beispielhaft kann dies wie folgt aussehen:

1. Aufbau einer Security-Organisation in der Produktion
2. Erstellen der notwendigen Dokumentationsvorlagen (für Assets, Prozesse, Verantwortlichkeiten, Aufgaben und Kompetenzen)
3. Inventarisierung aller IT-Systeme und der installierten Anwendungen in der Produktion sowie deren Eigenschaften, Besitzer usw.
4. Erstellung einer Sicherheitslinie für die Produktion / Automatisierung sowie Festlegung der Verantwortlichkeiten für Assets und Prozesse
5. Initiale Risikobewertung (rein qualitativ), ggf. Anpassung der Leitlinie an Erkenntnisse
6. Erstellen von Benutzerhandbüchern für die Administration der vorhandenen Systeme, Zuständigkeiten usw.
7. Ableitung, Definition und Implementierung der notwendigen (Pflege-) Prozesse
8. Erstellung eines Regelzyklus für die Kontrolle neuer Maßnahmen
9. Priorisierung möglicher Maßnahmen und Umsetzungsplan

Diese Aufgaben dienen dazu, eine zentrale Anlaufstelle für alle Fragen rund um die Sicherheit in der Produktion zu definieren und deren Zuständigkeitsbereich, Kompetenzen und auch Grenzen zu beschreiben. Ein sinnvoller Überblick über die eigenen Systeme und die Infrastruktur gelingt nur, wenn die Assets im Vorfeld geordnet erfasst und dokumentiert worden sind. Hierzu dienen beispielsweise Vorlagen und Templates, die den Technikern, Instandhaltern und Produktionsfachleuten helfen, systematisch vorzugehen. Je nach Situation und eigenem Ermessen kann dann die Fleißarbeit der Inventarisierung erfolgen oder der Fokus zunächst auf die Erstellung der notwendigen Leitlinie liegen. Dazu gehört in erster Linie auch, die Verantwortlichkeiten zu definieren und diese zuzuordnen, damit identifizierte Risiken ebenfalls eindeutig verteilt werden können und die Umsetzung der Maßnahmen an den zuständigen Mitarbeiter vergeben werden kann. Für die Erfassung der (Asset-) Bestandsdaten können sich auch bereits erfolgte Security Audits als nützlich erweisen, da in deren Rahmen möglicherweise bereits relevante Fragestellungen beantwortet wurden. Die vor Ort relevanten Risiken und die sich daraus ableitenden Schutzmaßnahmen gilt es bei jedem Aufbau einer Security-Organisation in der Produktion individuell zu bestimmen. Für eine angemessene Auswahl und Umsetzung der Maßnahmen ist eine ebenso individuelle Risikoanalyse zwingend notwendig. Auf deren Basis gelingt die Unterscheidung von sinnvollen und nicht zielführenden Maßnahmen, um am Ende die lokal auftretenden Gefährdungen angemessen zu entschärfen.

### 2.5.1 Dedizierte IT-Security-Organisation für die Produktion

Ähnlich wie die Situation in den Unternehmen Mitte des ersten Jahrzehnts dieses Jahrtausends eskalierte und erst nach und nach Stellen für Informationssicherheits-Beauftragte, Datenschutz-Beauftragte und letztlich (Chief) Information Security Officer aufgebaut werden konnten, gilt es heute zunächst einen verantwortlichen Ansprechpartner bzw. eine verantwortliche Person für Informationssicherheit in der Produktion zu benennen (Bild 2.4).

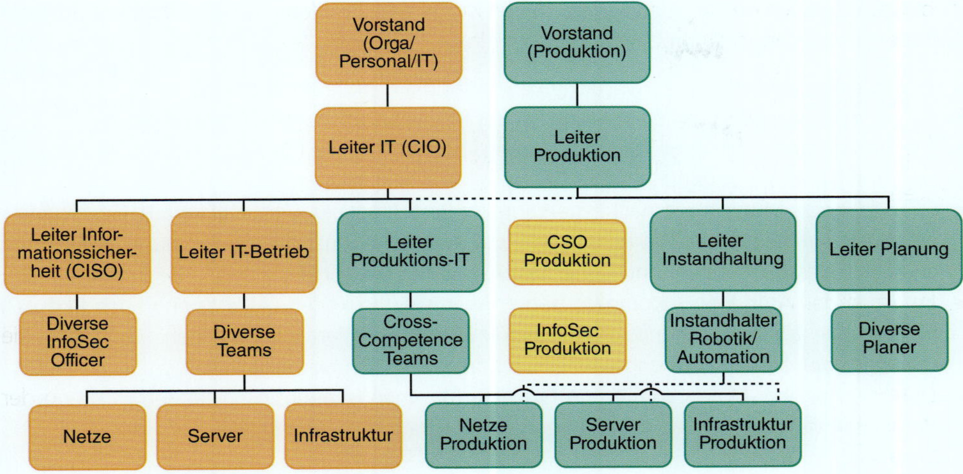


***Bild 2.4*** *Chief Security Officer und Produktionssicherheit*

Ohne einen solchen Ansprechpartner lassen sich die Sicherheitsprozesse nicht ausreichend strukturieren und kontrollieren. Als größter Stolperstein hat sich dabei oft erwiesen, dass das Top-Management keinen Einblick in die IT-Komponenten in der Produktion hatte oder der weitreichenden Abhängigkeit von IT in der Produktion nicht ausreichend Bedeutung beigemessen wurde. Ohne einen Ansprechpartner und Verantwortlichen für IT-Komponenten in der Produktion wird die Definition eines reinen Security-Fachmanns in der Produktion allerdings fehlschlagen. Die ideale Struktur (Bild 2.5) sieht einen direkt an den Vorstand berichtenden Corporate Security Officer vor, an den jeweils sowohl ein Chief Information Security als auch ein Production Security Officer berichten.

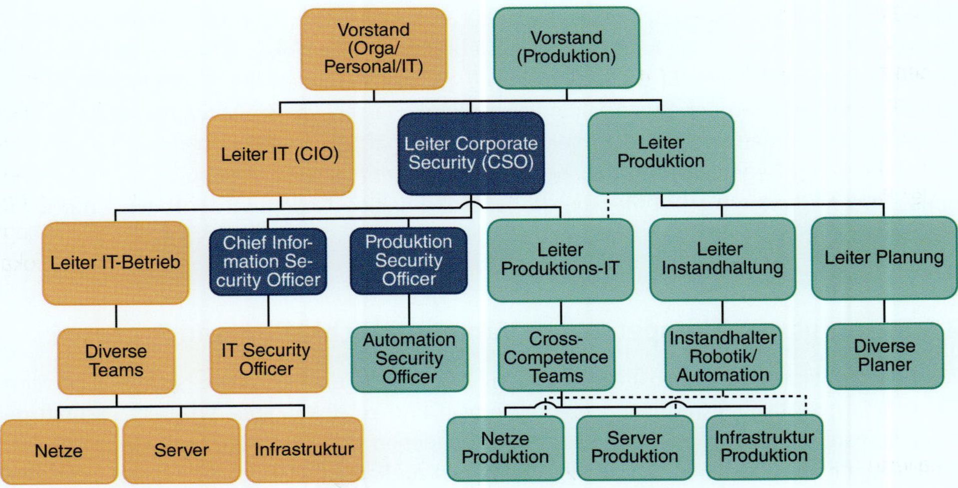


***Bild 2.5*** *CSO, CISO und Production Security Officer*

Unabhängig von diesen Idealbildern haben sich folgende Elemente als Bausteine für eine funktionierende Organisation bewährt:

- Es gibt eine dezidierte verantwortliche Person für die IT in der Produktion.
- Es gibt eine dezidierte verantwortliche Person für die Shopfloor-IT/OT-Sicherheit.
- Die Organisation zeigt enge Zusammenarbeit von Werksebene (OT – Operational Technology) und der IT in der Produktion und im Office.
- Es wird nach Möglichkeit nach anerkannten Best Practices und etablierten Governance-Mechanismen gearbeitet. Wo es notwendig ist, wird per Ausnahmegenehmigung die Nutzung lokal angepasster Prozesse und Sicherheitsvorgaben ermöglicht.
- Im Sinne der **A**ufgaben / **K**ompetenzen / **V**erantwortlichkeiten (AKV) (siehe auch Bild 2.7) werden alle für besondere Aufgaben verantwortlichen Personen mit den für ihre Rollen erforderlichen Schulungen und dem notwendigen Know-how ausgestattet.
- Die Beziehungen, Berichtswege und Prozesse für einen reibungslosen Betrieb müssen allen Beteiligten vermittelt werden und deren Dokumentation ist stets aktuell zu halten.

### 2.5.2 Sicherheitsleitlinie für die Produktion

Der Zweck einer dedizierten Sicherheitsleitlinie für die Produktion sind die Bereitstellung von allgemein gültigen Vorgaben und die Sicherstellung einer Unterstützung der Maßnahmen für die Steigerung der Informationssicherheit in der Produktion durch das Management. Die Leitlinie sollte folglich so erstellt sein, dass sowohl die geschäftlichen Anforderungen als auch die geltenden Gesetze und Vorschriften eingehalten werden.

Organisatorisch siedelt sich die Produktionsleitlinie unterhalb einer ebenfalls essenziellen Leitlinie zur Informationssicherheit für das Unternehmen an. Diese vom Management verabschiedete Leitlinie sollte im Übrigen auch einen Ansatz zur Bewältigung der Ziele für die Informationssicherheit festlegen.

**Regelmäßige Prüfung und Anpassung der Leitlinie**

Jede veröffentlichte Leitlinie muss regelmäßig geprüft werden (Bild 2.6), ob sie weiterhin geeignet, angemessen und wirksam ist. Im Zuge der Überprüfung sollte der Fokus auf die Identifikation von Verbesserungspotenzialen für die Leitlinie sowie auf die Methoden des Managements von Informationssicherheit in der Organisation liegen. Primär lassen sich so Antworten auf mögliche Änderungen im organisatorischen Umfeld, bei den geschäftlichen Rahmenbedingungen und bei den technischen Gegebenheiten generieren. Übrigens lehrt uns die Erfahrung: Im Sinne eines umfassenden Change-Managements sollte jede nachhaltige Änderung der Leitlinie durch das Management genehmigt und freigegeben werden.

### 2.5.3 Aufgaben, Kompetenzen, Verantwortlichkeiten und Prozesse

Für alle wesentlichen Aufgaben im Bereich der IT (Security) für die Produktion hat es sich bewährt, die Verantwortlichkeiten nachvollziehbar zu regeln und zu dokumentieren. Der Zuschnitt der Aufgaben sollte dabei so erfolgen, dass die vorhandenen Kompetenzen ausreichende Berücksichtigung finden oder durch dedizierte Maßnahmen zur Reduktion möglicher Kompetenzlücken kompensiert werden können. Zudem zeigt die Praxis, dass Überschneidungen zwischen ähnlichen Aufgaben ungünstig sind – Zuständigkeitslücken dürfen jedoch keinesfalls auftreten. Diese Regel sollte für alle Bereiche der Produktion eine Selbstverständlichkeit sein, für die sicherheitsrelevanten

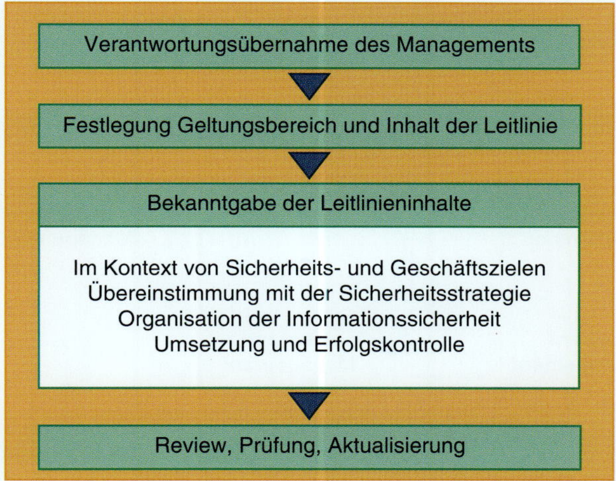


***Bild 2.6*** *Lebenszyklus einer Leitlinie*

Aufgaben ist sie mithin unabdingbar. Bild 2.7 verdeutlicht den Zusammenhang zwischen den Begriffen und zeigt auf, dass die Prozesse den Kern der Zusammenarbeit bilden, die notwendige Kompetenz jedoch die Basis für den Erfolg stellt.

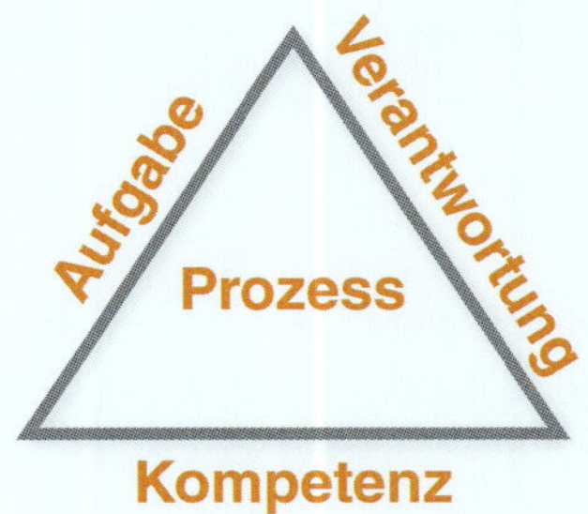


***Bild 2.7*** *AKV-P-Dreieck*

## 2.6 Prozesse und Prozess-Management in der Produktions-IT

IT-Komponenten haben überall Einzug in die Fertigung und die Produktionsanlagen gehalten. Leider sind die für den Betrieb und die Unterhaltung dieser Komponenten erforderlichen grundlegenden Prozesse und Funktionen des klassischen Office-IT-Managements teilweise auf der Strecke geblieben. Gleiches gilt für die hierfür erforderlichen Skills und Kompetenzen. Um eine möglichst schnelle Etablierung solcher Prozesse zu ermöglichen und die erforderlichen Kenntnisse zu vermitteln, ist ein umfassender Blick auf *die **IT** **I**nfrastructure **L**ibrary* (ITIL) ein gangbarer Weg. In ITIL sind nahezu alle Management-Prozesse für die IT standardisiert und – unter angemessenem Anpassungsaufwand – für die IT in der Produktion adaptierbar. Bild 2.8 gibt eine Übersicht über die nach ITIL erforderlichen Service-Operation-Bausteine, die so oder in abgewandelter Form auch in der Produktion umgesetzt werden sollten.

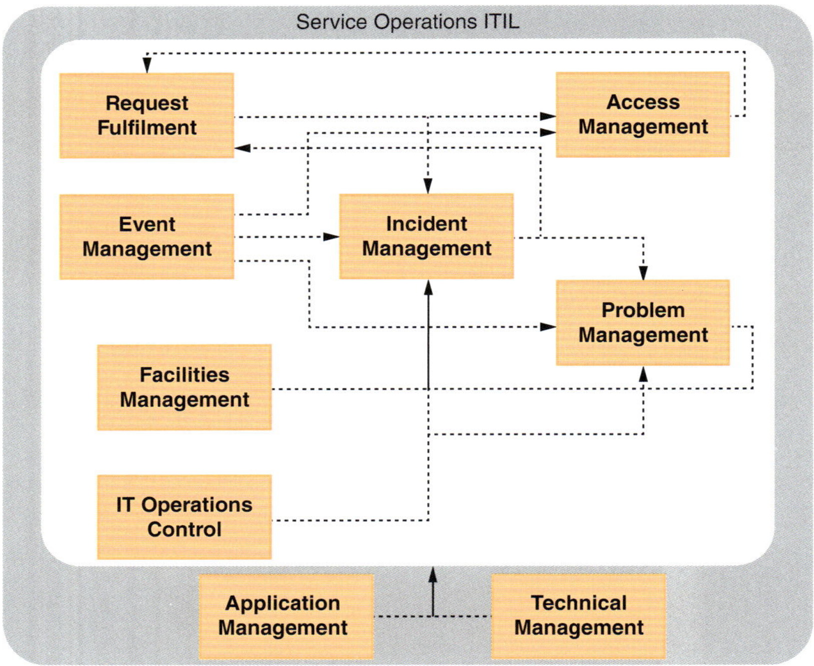


***Bild 2.8*** *Übersicht IT-Services nach ITIL*

Bei der Umsetzung solcher Prozesse steht zunächst nicht die Vollständigkeit im Vordergrund, sondern lediglich die Abdeckung der Basisanforderung in der Produktion. Hierzu zählen unter anderem eine Erfassung aller Geräte in einer Asset-Datenbank (***C****onfiguration* ***M****anagement* ***D****ata****b****ase*, CMDB) sowie die Etablierung der Kernprozesse des Incident- und Problem-Managements für eine strukturierte Abwicklung der anfallenden Störmeldungen.

### 2.6.1 Basisprozess Asset-Management

In der Office IT ist es üblich, dass jedes IT Asset bei der Lieferung erfasst, katalogisiert und mit einer eindeutigen Asset ID und einem entsprechenden Asset-Aufkleber versehen wird. Dieser Aufkleber gibt zum einen in für Menschen lesbarer Form Auskunft über die Asset ID und zeigt die zentrale Rufnummer für Störfälle. Zum anderen hilft ein Barcode oder QR-Code eine maschinenlesbare Information bereitzustellen, die im Wartungs- oder Störfall schnell eine eindeutige Identifikation des Assets ermöglicht und den Aufruf der bekannten Asset-Details beschleunigt. Dem Design der Asset-Datenbank (oder dem hierfür verwendeten Teil der CMDB) kommt dabei besondere Bedeutung zu. Es obliegt dem Verantwortlichen für die IT, in der Produktion festzulegen, welche Informationen oder Configuration Items in seiner CMDB erhoben und gespeichert werden.

Zum Zeitpunkt der Erstellung dieses Abschnitts war die Auswahl an passenden Asset-Datenbanken sehr begrenzt und deren Anwendbarkeit zumeist auf die Assets eines Herstellers oder einer Produktgruppe begrenzt. Die in der Office IT übliche übergreifende Nutzbarkeit der CMDB wurde noch nicht erreicht, da den Assets in der Produktion bislang die Schnittstellen für eine automatisierte Einbindung und Überwachung fehlen oder die Hersteller der Anlagen den Einsatz der üblichen Agenten aus Gründen der Stabilität ablehnen (siehe auch ablehnende Haltung gegenüber dem Einsatz von Antivirus-Produkten). Es kommt erschwerend hinzu, dass eine Produktionsanlage oder eine Fertigungslinie als Gesamtwerk geliefert und in Betrieb genommen wird und die detaillierte Aufstellung der IT Assets nicht zum üblichen Lieferumfang oder Dokumentation gehört. Ohne eine explizite Ausweisung der IT-Komponenten können diese auch nur mühsam manuell erfasst und erhoben werden. In diesem Bereich besteht erfahrungsgemäß dringender Handlungsbedarf bei der Automatisierung der Prozesse und bei der Verbesserung der Lieferqualität für die Dokumentation seitens der Integratoren und Maschinenbauer.

### 2.6.2 Incident-Management und Service Desk

Für die Entstörung bei Fehlfunktionen oder bei allgemeinen Problemen mit der Office IT stehen den Anwendern speziell geschulte Mitarbeiter des Service Desks per Telefon und E-Mail zur Verfügung, die jede Meldung / jeden Incident als Ticket erfassen und bekannte Fehlerbilder anhand der bereits vorhandenen dokumentierten Vorkommnisse identifizieren und über die hinterlegten Maßnahmen lösen können. Diese zentrale Erfassung der Störungen ist der erste Schritt in die Automatisierung eines geregelten Entstörungsprozesses, da an einer Stelle qualifiziertes Personal die Fehlerbilder aufnimmt, dokumentiert, die Rahmenbedingungen notiert und mögliche Auslöser identifiziert. Hierbei wird – je nach Meldungstyp – eine vordefinierte Kette von Fragen abgearbeitet, die es dem Service-Desk-Agenten ermöglicht, das Problem einzukreisen. Diese Prozessketten gilt es in der Produktion zwingend auf Basis der Erkenntnisse der Instandhaltung zu erstellen und zu verfeinern. Nur so lässt sich im Zusammenhang mit den Anfragen der Anwender / Instandhalter sicherstellen, dass evtl. sicherheitsrelevante Meldungen frühzeitig erkannt, aufgenommen, klassifiziert und richtig weitergeleitet werden. Auch wenn Art und Funktion der zu betrachtenden Assets sich deutlich von der Office IT unterscheiden, so sollte der Incident-Management-Prozess in allen Fällen eine hohe Erreichbarkeit und Reaktionsfähigkeit für das Sicherheitsmanagement gewährleisten.

### 2.6.3 Problem-Management

Treten gleichartige oder ähnliche Incidents wiederholt auf und können diese nicht nachhaltig gelöst werden, ist eine tiefgreifende Analyse der aufgetauchten Probleme sowie die Entwicklung von Lösungsvorschlägen auf Basis eines geregelten Problem-Management-Prozesses das Gebot der Stunde. Ist ein Problem identifiziert, sollte eine geeignete Problem-Management-Task-Force ihren Einsatz finden, die sich mit der Lösung des Problems interdisziplinär befasst.

Durch die enge Verbindung des Sicherheitsmanagements mit der ITIL-Disziplin Problem-Management schaffen viele Organisationen eine deutliche Kompetenzsteigerung auf Seiten der Industrial IT. Allerdings ist im Rahmen der Problemanalyse häufig noch nicht bekannt, ob die Störungsursache mit Sicherheitsproblemen verbunden ist. Deshalb muss geklärt sein, wann die IT-Sicherheit in Problem-Management-Task-Forces einzubinden ist.

### 2.6.4 Change-Management

Insbesondere in der Produktion mit ihren vielfältigen Abhängigkeiten bei der Safety, Zuverlässigkeit und Verfügbarkeit hängt die Sicherheit der Durchführung von Änderungen stark von einer guten Planung ab. An kritischen Systemen auszuführende Änderungen sollten daher im Rahmen eines Change-Managements gründlich vorbereitet werden. Hierzu zählen vor allem die Klärung aller möglichen Abhängigkeiten und Auswirkungen, die die jeweilige Veränderung haben könnte, sowie die Definition eines angemessenen Rückfallverfahrens (*roll-back*) für den Fall unvorhergesehener Auswirkungen. Ziel hierbei ist es, schnell den ursprünglichen Zustand wiederherzustellen. Auch für das Change-Management in der Automation können unterstützende Werkzeuge zum Einsatz kommen.

Die wichtigste Aufgabe in der Etablierung des Change-Managements besteht darin, ein Optimum zwischen Flexibilität und Stabilität der Verfahren herzustellen. Dafür sollten alle Änderungen unter Kontrolle des Managementprozesses stehen.

Ein sehr kritisches Szenario für das Change-Management stellt das **Patch-Management** dar. Sicherheitsrelevante Patches haben oft eine hohe Brisanz und müssen in der Regel unter Termindruck ausgerollt werden. Dabei greifen sie teilweise in bestehende Funktionalitäten und Prozesse ein, die wiederum kritisch für die bestehende Zulassung oder Abnahme der Anlage für den sicheren Betrieb sind. Hier gilt es über gemeinsame Vorgaben Wege zu definieren, die den Zielkonflikt zwischen Reaktionsschnelligkeit und Qualitätssicherung ausgewogen beantworten.

## 2.7 Basisprozesse für das Management der Industrial IT Security

Die bisweilen starke Fokussierung der Produktion auf Prozessoptimierung lässt sich mithilfe einer Adaption der genannten ITIL-Prozesse als starke Waffe zur Verteidigung der Industrial IT nutzen. Nicht nur die Verwaltung der Assets an sich, auch die Überprüfbarkeit von Konfiguration und Setup sind wichtige Bausteine. In diesem Kontext sind folgende Themen als Basisprozesse des IT-Sicherheitsmanagements in der Produktion zu sehen, wobei die hier gewählte Reihenfolge nicht zwingend die Folge ihrer Nutzung oder deren logische Abfolge beschreibt.

#### Planung

Grundsätzlich sollten die Anforderungen der Instandhaltung und der Vereinheitlichung der Hard- und Software bereits im Planungsprozess einer Produktionsanlage eingebunden sein.

Konkret bedeutet dies: ein gemeinsam zwischen Planung und Instandhaltung vereinbarter Katalog an Mindestanforderungen bzw. die gemeinsame Definition von einzuhaltenden Standards. Wohlwissend, dass dies die Flexibilität der Anlage an sich begrenzt, ist eine gewisse Standardisierung auch aus Sicht der Total Cost of Ownership ein wichtiger Aspekt.

#### Beschaffung

Die von Planung und Instandhaltung definierten Standards, Richtlinien und Mindestanforderungen sind verständlich zu formulieren. Nur so lässt sich gewährleisten, dass der Einkauf entsprechende Ausschreibungsunterlagen erstellen kann. Optional lassen sich die Dokumente im Folgenden auch als Beiblätter oder Anhänge für Ausschreibungen und Anfragen für neue Anlagen und Komponenten verwenden.

### Inventarisierung

Vor Aufbau und Inbetriebnahme der Anlage, sind sämtliche im Feld befindlichen Geräte und Komponenten zu inventarisieren und zu dokumentieren. Innerhalb der Office IT haben sich hierfür weitgehend Asset-Sticker bewährt, die sowohl lesbar sind als auch per Barcode oder QR-Code die wichtigsten Informationen wiedergeben. Als besondere Herausforderung bei der Digitalisierung dieses Prozesses haben sich die üblicherweise verwendeten Asset-Management-Datenbanken erwiesen. Diese im ITIL-Umfeld CMDB (Configuration Management Database) verwendeten Systeme sind im Bereich der Office IT weitestgehend automatisiert. Mithilfe eines Software-Clients werden Änderungen am System, der Konfiguration oder der Software-Ausstattung automatisch an die zentrale DB-Komponente gemeldet und der Datensatz aktualisiert. Jedoch kommt ein solcher Software-Client nur in den seltensten Fällen auf Steuergeräten und Komponenten zum Einsatz, da er entweder die Betriebssysteme nicht unterstützt oder der Komponentenhersteller den Einsatz von 3rd-Party-Software strikt untersagt. Folglich kommen zum jetzigen Zeitpunkt immer noch vornehmlich Excel-Sheets oder selbsterstellte Inventarsysteme zur Anwendung. Dies führt zu einem hohen manuellen Verwaltungs- und Anpassungsaufwand, der die eigentlich angestrebte Vereinfachung der Geräteadministration konterkariert. Einige Systeme zur Überwachung des Netzwerkverkehrs in der Fertigung bringen deshalb rudimentäre Asset-Management-Funktionen mit, die es dem Instandhalter erlauben, auf Basis der im Netzwerk aktiven Komponenten einen aktuellen Stand zu dokumentieren. Nicht vernetzte Komponenten oder solche, die in abgeschirmten Netzsegmenten betrieben werden, bleiben für solche Lösungen jedoch unsichtbar und müssen manuell gepflegt werden.

### Aufbau, Konfiguration und Integration

Sobald die Anlage vollständig im Inventar erfasst und die grundlegenden Eigenschaften in der Asset-Datenbank dokumentiert sind, gilt es die Komponenten aufzubauen, zu konfigurieren und in die Anlage zu integrieren. Obwohl diese Aufgaben oftmals durch einen Dienstleister (System-Integrator o.Ä.) durchgeführt werden, sollten sowohl Planer als auch Instandhalter diese kritische Phase eng begleiten und – falls notwendig – den Integrator auf mögliche Abweichungen zum Plan hinweisen. Auch ist es sinnvoll, die Instandhaltung vor der festen Installation komplexer oder störanfälliger Komponenten einzubeziehen, um mögliche Probleme beim Wartungszugang oder im Entstörungsprozess zu antizipieren. Letztlich ist die neue Anlage in den Bestand zu integrieren, was neben einer rein technischen, mechanischen oder elektronischen Integration oft auch die Anbindung in die Produktionsprozesse und den Leitstand umfasst und in einer Dokumentation endet.

### Dokumentation, Datenfluss und Kontextdiagramm

Neben den technischen Parametern einer Komponente sind sämtliche absolvierten Schritte, Einstellungsparameter und Wertebereiche zu dokumentieren. Von zunehmender Bedeutung sind insbesondere die logischen Datenflüsse *in* der Anlage, *über die* Anlage hinaus oder *in diese hinein*. Nur mit Hilfe eines Kontextdiagrammes lassen sich Kommunikationsflüsse klar nachvollziehen. Insbesondere mit Blick auf die Sicherheitsrelevanz ist die Kenntnis des erforderlichen und erlaubten Datenverkehrs von immanenter Bedeutung. Nur so lassen sich Regeln zur Kontrolle oder Einschränkung unrechtmäßigen Verkehrs aufstellen, durchsetzen und überwachen.

### Prüfung und Abnahme

Die Prüfung und Abnahme einer Produktionsanlage sowie hiermit verbundene Anforderungen sollten bereits im Planungsprozess aufgeführt sein. Unter anderem ist nur solche Software zu verwenden, die zum Zeitpunkt der Abnahme auf dem neuesten Stand ist. Des Weiteren sind sämtliche verwendeten Komponenten derart zu konfigurieren, dass neben einem sicheren Betrieb der Anlage nur ein Minimum potenziell ausnutzbarer Schwachstellen für den Betriebszustand verbleibt. Insbesondere muss in diesem kritischen Einrichtungszeitraum eine ausreichend geschulte und kompetente Betriebsmannschaft vorhanden sein, die die gewünschten und geforderten Sicherheitseigenschaften und Konfigurationen prüfen und dokumentieren kann. Sollten hier Abweichungen vom Planzustand festgestellt werden, braucht es zusätzlich einen vorbereiteten Prozess für die Bearbeitung und Nachverfolgung der gefundenen Probleme. Sobald die Prüfungen keine weiteren bedeutenden Sicherheitsmängel aufzeigen und der Zustand dem Plan entspricht, kann die Abnahme erfolgen. Etwaige Restmängel sind zwingend dem Team der Instandhaltung zu übermitteln, um passende Gegenmaßnahmen zu etablieren.

**Ramp-Up und Übergabe an die Instandhaltung**

Die erfolgreiche Installation, Integration und Abnahme der Anlage werden von einer Phase der Inbetriebnahme und des Produktionsbeginns begleitet. Spätestens jetzt sollte das Instandhaltungspersonal mittels einer umfassenden Schulung auf die neue Technologie vorbereitet werden und eine detaillierte Einweisung in die jeweils verwendete Konfiguration erhalten. Eventuell sind durch die Systemintegratoren oder Dienstleister auch eine direkte Schulung sowie eine gemeinsame Betreuung in den ersten Wochen notwendig. Mit der Dokumentation der Betriebs- und Pflegeprozesse (***S****tandard* ***O****perating* ***P****rocedures*, SOP) sowie deren Übergabe an den Betreiber gilt der Prozess als abgeschlossen. In diesem Zusammenhang ist ebenfalls festzulegen:

- wer für welche Aufgaben verantwortlich ist,
- welche Entstörungszeiten bzw. Servicezeiten in welchem Störfall zur Anwendung kommen,
- in welchen Fällen die Störung im Rahmen der Gewährleistungsverpflichtung des Lieferanten ist,
- wo die Dokumentation der Meldewege, Ansprechpartner und Notfallrufnummern zugänglich ist.

# 3 Automatisierte Produktionssysteme

Die Verwendung von IT-Systemen wie Client PCs, Servern mit Windows- und Linux-Betriebssystemen, **s**peicher**p**rogrammierbaren **S**teuerungen (SPS /PLC) sowie Visualisierungs- und Leitstandrechnern auf Basis von ThinClients sind heute für die Nutzung von Produktionsanlagen mit hohem Automatisierungsgrad unerlässlich. Dieses Kapitel soll einen Überblick zum professionellen Umgang mit diesen Rechnern, deren Management und deren Betreuung über den gesamten Lebenszyklus hinweg geben.

## 3.1 Abgrenzung

Hier wird lediglich Bezug auf die IT-Komponenten genommen. Deren komplexe Interaktion mit den Produktionskomponenten wird auf die zur Anwendung kommenden IT-Systeme und Netzwerkkomponenten begrenzt. Jegliche Art der Embedded-Geräte und Automatisierungstechnik zuzurechnende Technologie wird hier nur am Rande betrachtet – es sei auf die Werke zur IEC 62 443 sowie die Dokumente der einschlägigen Hersteller verwiesen. Ob der Vielfalt an Steuerungskomponenten und Bussystemen kann hier kein angemessener Überblick geboten werden, zumal diese Technologien zwar zunehmend IT-Komponenten verwenden, aber nicht über deren Management-Funktionen verfügen. Der Fokus dieses Abschnitts liegt demnach auf der Betrachtung von IT-Systemen in der automatisierten Produktion.

## 3.2 Nutzung von Client-Rechnern in der Produktion

Bereits vor 20 Jahren hielten autarke oder vernetze Rechner mit einer breiten Palette an Betriebssystemen Einzug in die Produktion. Hierbei wurden neben einer Reihe an Echtzeit-Betriebssystemen vornehmlich auf Microsoft Windows basierende Clients eingesetzt, die weitestgehend ohne zentrale Management-Infrastruktur verwaltet und gepflegt werden mussten. Durch die im Vergleich zur Office IT sehr lange Lebensdauer der Anlagen von 20 Jahren und mehr finden sich in der Produktion heute Geräte mit archaisch anmutenden Versionen wie Windows 3.11, Windows 95, Windows 98, Windows NT, Windows 2000 und maßgeblich Windows XP. Durch die erheblichen Probleme bei der Anpassung von spezieller Software für die Produktion an die neuen Sicherheitsarchitekturen in Windows Vista (unter anderem ***U**ser **A**ccount **C**ontrol*, UAC) setzten viele Lieferanten und Anlagenbauer weiter auf Windows XP, statt auf die aktuellen Versionen Windows 7 oder Windows 8 sowie 10 umzurüsten (Bild 3.1).

Selbst im Jahr 2016 wurden Anlagen im Millionenwert mit dem bereits vollständig abgekündigten Windows XP ausgeliefert, da die Lieferanten die Investition in die Neuentwicklung ihrer Software unter Nutzung geringerer Privilegien scheuen. Gerade der laufende Betrieb der vorgenannten abgekündigten Betriebssysteme stellt eine der größten Herausforderungen der heutigen Produktions-IT dar – insbesondere, weil von einer mindestens 10-jährigen Lebensdauer der erst kürzlich installierten XP-Systeme ausgegangen werden muss. Die Absicherung dieser Altlasten wird ein hohes Maß an Aufmerksamkeit durch die Verantwortlichen für die IT in der Produktion erfordern und erhebliche Mittel zur Absicherung benötigen (Bilder 3.2 und 3.3).

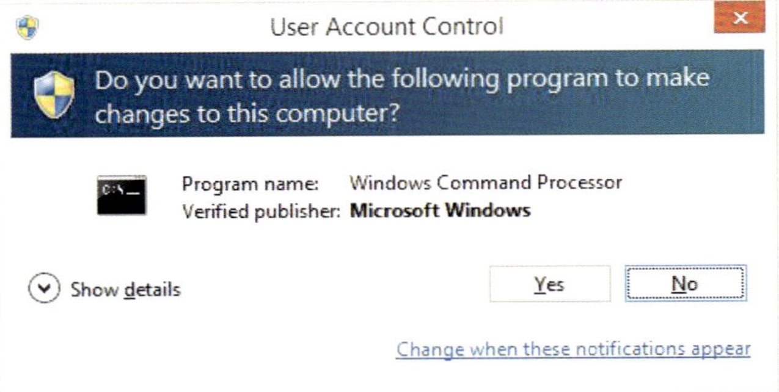


***Bild 3.1*** *User Account Control unter Windows ab Version VISTA*

***Bild 3.2*** *Vielfalt der Windows-Versionen in der Produktion*

***Bild 3.3*** *Vielfalt der Windows-Versionen in der Office IT*

### 3.2.1 Härtung von Windows-Rechnern

Trotz – oder gerade wegen – der Zurückhaltung der Automatisierungs- und Anlagenbauer gegenüber der Aktualisierung bzw. dem Patchen von Betriebssystemen und Anwendungen auf IT-Komponenten in der Produktion sollten Computer möglichst vor der Inbetriebnahme und Abnahme mit den neuesten Betriebssystemversionen und den neuesten Servicepacks ausgestattet sein. Die modernen Betriebssysteme sind sicherer gestaltet als die Vorgängerversionen und bieten überdies die besseren Möglichkeiten zur Härtung.

Ein Grund für die größere Anfälligkeit der alten Rechner ist die Tatsache, dass bis Windows Server 2003 R2 bzw. Windows XP stets sämtliche Softwaremodule der Betriebssystemversion installiert und ausgeführt werden. Um eine überflüssige Angriffsfläche zu vermeiden, müssen Computer mit älteren Betriebssystemen – nach Möglichkeit – nachträglich derart konfiguriert sein, dass nicht genutzte Dienste auch nicht angeboten werden. Da es im Umfeld der Produktion eine große Anzahl dieser inzwischen veralteten Plattformen gibt, bietet es sich an, eine entsprechend sichere Basiskonfiguration zu entwickeln und in Zusammenarbeit mit den Lieferanten zu erproben. Dies kann nachhaltig die Risiken in den Netzen der Produktion senken, da sich so eine Vielzahl an Schwachstellen eliminieren und die Angriffsfläche deutlich reduzieren lässt. Alternativ oder als weitergehende Maßnahme hat sich die Absicherung durch die Nutzung von Software für Whitelisting bzw. Sandboxing als Methode bewährt. Näheres dazu findet sich in Abschnitt 3.2.4.

Mit Windows Server 2008 und Windows Vista als Client wurde das Konzept der «Roles & Features» eingeführt, mit dem sich nur noch die ausgewählte und tatsächlich benötigte Software installieren und betreiben lässt. Gleichzeitig wird eine lokale Firewall entsprechend der tatsächlich ausgeführten Software automatisch konfiguriert. Derart installierte Computer können laut Microsoft grundsätzlich als sicher eingestuft werden. Im Fall des Einsatzes eines Active Directory (siehe hierzu Kapitel 6) lässt sich durch die Anwendung zusätzlicher ***G**roup **P**olicy **O**bjects* (GPOs) die Sicherheit weiter erhöhen. Der Hersteller Microsoft liefert hierfür Templates mit Default-Einstellungen für verschiedene Computerrollen und Betriebssystemversionen aus (Bild 3.4).

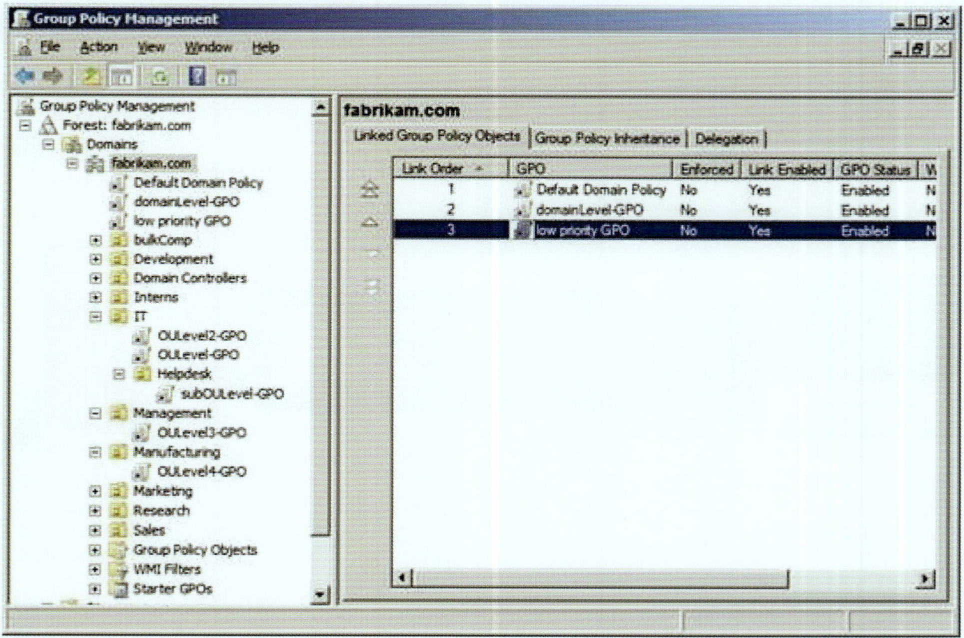


***Bild 3.4*** *Die Group Policy Object Settings in einem Windows-System*

Für nahezu alle Betriebssysteme und Applikation treten im Laufe der Zeit Sicherheitslücken zutage, für deren Behebung die Hersteller Sicherheits-Patches bereitstellen. Die Aufrechterhaltung des gesicherten Status eines gehärteten IT-Systems verlangt die Anwendung dieser Patches im Rahmen eines Patch-Management-Prozesses. Wie bereits angedeutet, sehen viele Hersteller von Produktionsanlagen diese Patches als kritischen Eingriff in ihre als «betriebssicher» eingestufte Konfiguration zum Zeitpunkt der Abnahme. Warum das so ist, bleibt bislang ein Rätsel. Möglicherweise rührt die kritische Betrachtung der Patches durch diese Anbieter von der wenigen Erfahrung mit solchen Prozessen her. Denn in den wenigsten Fällen bestehen tatsächlich direkte oder indirekte Abhängigkeiten zwischen zu patchender Systemkomponente und bereitgestellter Produktionssoftware. Diese Unkenntnis über die Zusammenhänge, gepaart mit einer fehlenden Updatekultur für die eigene Software, führen unweigerlich zu einer starren Haltung gegenüber dem alternativlosen Schließen von kritischen Sicherheitslücken per Patch. Als einziger Ausweg bleibt dem Betreiber hier, auf eigene Kosten und auf eigene Gefahr ein passendes Testfeld für die Integration von Software-Patches zu etablieren und deren Unbedenklichkeit mittels eigener Testfälle zu prüfen, bevor Updates in die Produktion gelangen.

Ein weiterführendes Problem ergibt sich durch die Abkündigung von Windows XP durch Microsoft: Für diese veraltete Software werden keine Patches mehr zur Verfügung gestellt. Zwar kann alternativ die Verwendung der angesprochenen Whitelisting-Lösungen eine potenziell gefährliche Ausführung von Applikationen auf dem Computer verhindern – das grundsätzliche Aufdecken und die Ausnutzung von Sicherheitslücken in «erlaubten» Komponenten des Betriebssystems können solche Ansätze jedoch nicht vollständig verhindern.

Ein weiterer Angriffsvektor ist durch das Wirken und die Verbreitung von Schadsoftware gegeben. Eine Härtung gegen diese Einflüsse durch den Einsatz von Antivirensoftware und die laufende Aktualisierung der Virenpattern ist obligatorisch. Bei Domain-Controllern sind Ausnahmen vorzusehen, die unbedingt beachtet werden müssen. Die entsprechenden Informationen stammen vom Hersteller der AV-Software und vom Hersteller des Verzeichnisdienstes.

Als letzter und sehr wirksamer Eingriff bietet sich die Prüfung der verwendeten Ports und IP-Adressen jedes Netzwerkknotens an (Bild 3.5). Hierbei gilt es die nicht benötigten Dienste (Ports) zu deaktivieren, um die Angriffsfläche zu verringern.

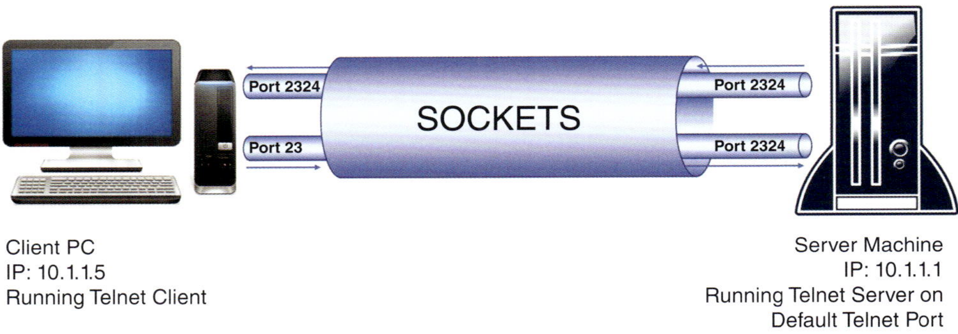


***Bild 3.5*** *IPs, Ports und Sockets einer Verbindung*

## 3.2.2 Altlasten: Veraltete Client-Betriebssysteme

Lieferanten oder Hersteller haben ihre Anlagen bei Lieferung mit einem Stand heute als veraltet geltenden Betriebssystem abgenommen bekommen und werden den Betrieb der Anlage nur auf Basis dieser Altsysteme gewährleisten bzw. unterstützen. Da durch Microsoft keine weiteren Patches zur Schließung von Sicherheitslücken für Geräte mit Windows XP (oder älter) mehr zur Verfügung gestellt werden, bieten diese Altlasten eine große Angriffsfläche. Parallel hierzu nimmt die Bedrohung durch Hackerattacken stetig zu, so dass die beschriebenen Schwachstellen aktiven Bedrohungen und Angriffen zum Opfer fallen können und nur schwer durch Segmentierung oder andere Maßnahmen zu reduzieren sind. Um diesem stetig wachsenden Risiko begegnen zu können und die internen Sicherheitsleitlinien zu erfüllen, bieten sich unterschiedliche Alternativen zur Handhabung von Altsystemen wie Windows XP an (die Reihenfolge ist indikativ für die Präferenz):

1. Erzwungener Umstieg auf eine unterstützte aktuelle Betriebssystemversion (zum Zeitpunkt der Erstellung dieses Buches: Windows 7, 8 oder 10)
2. «Einfrieren» des Systems mit einer zugelassenen Whitelisting-Softwarelösung
3. Trennung der betroffenen Systeme mittels Firewall, Netzwerkzonen und Gateways
4. Komplette Abschottung der betroffenen Systeme vom Netzwerk (offline)

Selbstverständlich muss die Auswahl der Maßnahme für nahezu jeden Rechner oder zumindest jeden Anlagentyp individuell erfolgen. Für die Nutzung der Varianten 1 und 2 ist die Unterstützung oder zumindest Duldung durch den Anbieter / Lieferanten erforderlich, während die Varianten 3 und 4 aus betrieblicher Sicht als Notlösungen betrachtet werden müssen, die zum Teil erhebliche Folgekosten für den manuellen Austausch von Daten oder den Betrieb der Gateways erfordern. Für den Umstieg auf eine neue OS-Version müssen weitere Rahmenbedingungen betrachtet werden.

### 3.2.3 Umstieg auf eine aktuelle Betriebssystemversion

Die technische Verantwortung für die Migration auf ein aktuelles und unterstütztes Betriebssystem liegt idealerweise bei den betroffenen Abteilungen der Fertigung und der Produktion. Nur in Zusammenarbeit mit der Instandhaltung und den Lieferanten gelingt die Bewertung, welche Risiken und Probleme eine Migration mit sich bringen kann und auf welche Besonderheiten geachtet werden muss. Bestenfalls unterstützt die zentrale IT und das Team der IT in der Produktion die Migrationsprojekte, etwa durch die Beistellung eines bereits standardisierten und getesteten Master-Images für das aktuelle Betriebssystem. Um den Gesamtaufwand besser einschätzen und die Aufgaben planen zu können, empfehlen sich folgende Schritte:

1. Bestandsaufnahme aller betroffenen IT-Systeme
2. Analyse der verfügbaren neuen Plattformen und Definition eines neuen Standard-OS
3. Ggf. Erstellung eines standardisierten Basis-Images für Produktions-Clients
4. Absprache und Vereinbarung mit dem Lieferanten der Anlage oder Produktionsmaschine für die Kompatibilität des Betriebssystems mit den Anwendungen
5. Prüfen, ob eine Unterstützung durch den Lieferanten bei der Anpassung notwendig ist
6. Überprüfen der Garantie- und Wartungsunterstützung vom Lieferanten
7. Berücksichtigung von potenziell anfallenden Hardwarekosten für die Umrüstung
8. Betrachtung der Kosteneffizienz des Umstiegs unter Berücksichtigung aller bekannten Kosten für die Entwicklung und Umsetzung der Migration
9. Planung des Migrationsprojekts inklusive Zeitrahmen und Ressourcen
10. Sicherung der Konfigurationsdaten, falls notwendig
11. Sicherung der relevanten Daten, falls notwendig
12. Planung einer Ausweichlösung bzw. eines Fallbacks im Fall eines Scheiterns der Migration
13. Anpassung der lokalen Supportprozesse an das neue Betriebssystem
14. Schulung der Mitarbeiter in Betrieb und Instandhaltung auf die neue Plattform

### 3.2.4 Whitelisting, Application Control und Embedded Security Systems

Da die Mehrheit der etablierten Altsysteme, aber auch ein großer Anteil der neu beschafften IT-Komponenten nur sehr bedingt mit Patches versorgt werden kann und diese Systeme zudem eher durch eine sehr stabile Nutzung gekennzeichnet sind, bietet sich der Einsatz einer Whitelisting-

Lösung an. Diverse Hersteller wie Ivanti «Application Control» (vormals Lumension), McAfee «Application Control», TrendMicro «Endpoint Application Control» und Symantec «Critical System Protection» offerieren hier Produkte mit ähnlicher Funktionsweise. Diese Technik wird auf einem stabilen, sauberen System installiert und läuft zunächst eine Zeit in einer Art «Lernmodus», um die gewöhnliche Nutzung des Systems und dessen Verhalten zu analysieren. Anschließend wechselt das Werkzeug vom Lernmodus in den Monitoring-Modus, bei dem jegliche neue, unbekannte Aktivität zunächst nur einen Log-Eintrag generiert. Eine Durchsicht der Logs und die manuelle Freigabe oder Sperrung der detektierten Aktivitäten runden dann die Policy ab. Diese angepasste Policy wird dann aktiviert und jegliche vorher nicht als akzeptabel definierte neue Aktivität automatisch geblockt. Im Grunde entsteht so automatisch eine sogenannte «Whitelist» der erwünschten Aktivitäten, die alle aktuell installierten ausführbaren Dateien mit ihren jeweiligen Prüfsummen enthält. Nur diese Anwendungen können ausgeführt werden, alle anderen, neuen oder ungewöhnlichen Programme und Systemaufrufe nicht.

Als weitere Möglichkeit bieten sich (zum Zeitpunkt der Bucherstellung als innovatives Werkzeug bezeichnetes) «CylancePROTECT+AppControl» an – die Lösung basiert auf einem (als «KI» bezeichneten) mathematischen Modell, um Voraussagen treffen zu können, ob eine Software Malware ist oder nicht. Die Benutzung bzw. Konfiguration ähnelt dabei dem der klassischen AV-Lösungen, so dass keine besondere Umschulung notwendig ist und die komplexe Lernphase der Whitelisting-Lösungen entfallen kann.

### 3.2.5 Trennung mittels Firewall und Netzwerkzonen

Wie in Abschnitt 4.6 näher beleuchtet wird und bereits seit den Ausführungen der ISA 99 deutlich ist, sollte die Verwaltung der OT in kleineren, jeweils voneinander abgeschotteten Bereichen / Netzwerksegmenten erfolgen (Bild 3.6). Die Erfahrung zeigt, dass eine weitergehende Abschottung der Altsysteme vor einem ungeregelten Zugriff aus dem Netz bereits einen Großteil der Sicherheitsprobleme abzuwälzen hilft. Ein Ansatz hierzu ist der Einsatz von kleineren Sicherheitsgateways (z.B. sogenannter Hutschienen-Firewalls), die den akzeptierten Datenfluss auf ein Minimum an Protokollen und Ports beschränken. Die Konfiguration (z.B. Quelle, Ziel, Port, Protokoll) all dieser kleinen Firewalls muss jedoch sauber dokumentiert und stets aktuell gehalten werden, um keine trügerische Sicherheit vorzugaukeln. Ein ordentliches Change-Management für die Regelwerke und eine regelmäßige Prüfung der Wirksamkeit und Aktualität erfordert allerdings ein erhebliches Maß an Ressourcen bzw. einen hohen Grad an Automatisierung.

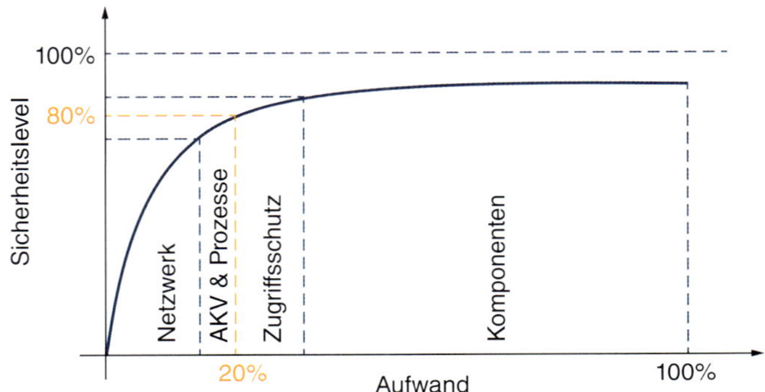


***Bild 3.6*** *Reichweite der Netzwerksegmentierung*

### 3.2.6 Strikte Abtrennung kritischer Systeme vom Netzwerk

Die Verantwortlichen einer Abteilung bzw. einer Anlage oder Produktionszelle können sich natürlich dazu entschließen, die nicht mehr vom Hersteller des Betriebssystems (etwa Windows 2000, XP o.Ä.) unterstützten Plattform ohne weitere Sicherheitsmaßnahmen zu nutzen. Diese Nutzung muss jedoch durch eine dokumentierte Risikoakzeptanz der zuständigen Manager gedeckt werden, die – je nach Kritikalität der Anlage und Verwundbarkeit des Systems – in regelmäßigen Abständen neu zu bewerten und neu zu erstellen ist. Diese regelmäßig zu prüfende und dokumentierte Risikoakzeptanz stellt sicher, dass auch bei Änderungen im Personal oder Management diese offenen Probleme nicht in Vergessenheit geraten!

Ganz ohne Sicherheitsmaßnahmen können und sollten solche «Zeitbomben» in der Produktion nicht betrieben werden. Die nicht mehr unterstützten Plattformen sollten weitestgehend vom Netzwerk getrennt werden, da dies sowohl eine Kompromittierung des Systems als auch eine weitergehende Ausbreitung einer möglicherweise eingeschleppten Malware von diesem System aus erschwert. Damit diese Rechnung aufgeht, ist jedoch die physische Trennung vom Netzwerkkabel und im Umkehrschluss die manuelle Verwaltung des Systems «vor Ort» notwendig. Immerhin können solche Systeme selbst ohne Netzwerkverbindung infiziert oder beschädigt werden, falls Viren auf USB-Sticks, CD / DVDs, anderen mobilen Datenträgern oder durch die direkte Verbindung eines externen Laptops übertragen werden. Die Absicherung durch Abschottung wird bei diesen Systemen durch ein Mehr an «Turnschuhadministration» erkauft, was sich bereits nach 3 bis 6 Monaten Ausnahmeregelung als ausschlaggebend für die Wirtschaftlichkeit weitergehender Maßnahmen zeigen kann.

## 3.3 Erstellung angemessener Dokumentation

Es liegt in der Natur der Sache, dass nur ausführlich und aktuell dokumentierte Systeme und Anlagen sinnvoll verwaltet werden können. Folglich sollte sichergestellt sein, dass für alle neu zu beschaffenden oder beschafften Anlagen und Maschinen vom Lieferanten und / oder Hersteller eine umfassende Dokumentation der verwendeten IT-Komponenten vorliegt. Diese muss unter anderem eine umfassende Asset-Liste, ein Kontext-Diagramm und ein grundlegendes Betriebshandbuch enthalten, in dem die IT-Systeme und deren Eigenschaften detailliert beschrieben sind.

### 3.3.1 Komplette Übersicht der IT für Anlagen (IT Asset-Inventory)

Um der üblichen Betriebspraxis der Lieferung von «einem Stück Produktionsanlage» entgegenzuwirken, ist es als Betreiber einer Anlage folglich notwendig, ein möglichst umfassendes und detailliertes Verzeichnis der in der abzunehmenden Anlage oder in der Zelle verbauten IT-Komponenten zu verlangen. Der Lieferant oder Errichter muss dabei jeden einzelnen Rechner und jede SPS inklusive seiner Beschreibung (Hersteller, Baureihe, Modell usw.) und seiner Hardware Configuration Items (wie CPU, Speicherausstattung, Festplatten usw.) und der Software-Ausstattung (Betriebssystem, Version, Patch-Stand, Zusatzsoftware, Werkzeuge, Middleware, Individual-Software, Sicherheitstool, falls vorhanden, usw.) aufnehmen. Im Idealfall sollte der letzte aktuelle Stand der jeweiligen Software vor Abnahme eingespielt werden, so dass die Konfiguration bei Übergabe so aktuell wie möglich ist. Darüber hinaus gilt es hinsichtlich der Abhängigkeiten der Komponenten untereinander Transparenz zu schaffen.

### 3.3.2 Kontext-Diagramm für Anlagen

Der Wunsch, eine Anlage oder Maschine reibungslos in die bestehende Produktionslandschaft integrieren zu können und eine möglichst sichere Gesamtkonfiguration zu erreichen, erfordert eine komplette Übersicht über die verwendeten IP-Adressen, Protokolle, Ports und Services: für jede IT-Komponente einzeln und für die Anlage insgesamt. Zudem ist es sinnvoll, die nach extern (außerhalb der Anlage) bereitgestellten Dienste / Ports zu beschreiben und eine Aussage darüber zu treffen, für wen diese Services erreichbar beziehungsweise nutzbar sein sollen und welche Services oder Dienste von welchen Komponenten erwartet bzw. benötigt werden, um sinnvoll funktionieren zu können. Klarheit herrschen muss hier insbesondere, ob die Möglichkeit zur Einbindung der Windows-basierten Geräte in ein Active Directory gegeben ist oder ob einzelne Softwaremodule weiterhin die Ausführung im Kontext eines lokalen Benutzerkontos erfordern. Darüber hinaus sind Aussagen über die Anwendbarkeit und Freigabe von Endpoint Security Tools bzw. AV-Lösungen wünschenswert.

### 3.3.3 Betriebshandbuch für Maschinen und Anlagen

Neben Asset Inventory und Kontextinformationen ist für die Übernahme der Maschine oder Anlage auch die Erstellung eines Betriebshandbuches zwingend notwendig. Dieses Betriebshandbuch soll es Instandhaltern, Bedienern und auch Dritten (etwa Servicetechnikern) ermöglichen, die wichtigen Funktionen der Maschine schnell nachzuvollziehen, die kritischen Konfigurationsparameter zu erkennen und deren Auswirkung zu verstehen. Auch die Beschreibung der notwendigen regelmäßigen Prüfintervalle für kritische Komponenten und die sogenannten «***S**tandard **O**perating **P**rocedures*» (SOPs), also die Standardvorgehensweise für die Safety-relevanten Funktionen, sind von wesentlicher Bedeutung.

## 3.4 Nutzung von Fremdhardware in der Produktion

Die Verbreitung des «***B**ring **y**our **o**wn **d**evice*»(BYOD)-Ansatzes weitet sich auch auf Unternehmen und Mitarbeiter des Anlagen- und Maschinenbaus aus. Servicetechniker und Ingenieure der Hersteller, Integratoren und Lieferanten arbeiten weitgehend mit den (mobilen) IT-Geräten (Laptops, Tablets, Mobiltelefone) ihrer Arbeitgeber oder privaten Geräte und nehmen mit diesen Zugriff auf die Produktionsanlagen und Netzwerke. Um einen besseren Schutz der Anlagennetze zu erreichen, sollte diese Praxis generell unterbunden werden – in den Netzen der Office IT ist eine solche Nutzung von Fremdgeräten zumeist komplett untersagt und diese Vorgabe macht auch in der Produktion Sinn.

Dem Ziel, eine bessere Organisation der Technikereinsätze mit dieser Einschränkung zu erreichen, dient zunächst eine lokale Policy, die den Dienstleistern explizit die Nutzung eigener IT-Systeme untersagt, falls diese – wenn auch nur kurzfristig – als Clients in das Netz des Auftraggebers eingebunden werden müssen. Eine solche Policy sollte in praxi allerdings mit ausreichend Vorlauf kommuniziert worden sein, um ein Mindestmaß an Akzeptanz zu erreichen. Sicher lässt sich die Tatsache, dass es neue Vorschriften gibt, vorab und im Rahmen gewöhnlicher Regeltermine mit den Ansprechpartnern besprechen. Zu einem Verbot dieser Kategorie gehört im Vorfeld auch die Verteilung einer Information zur Bereitstellung interner Hardware mit entsprechender Software-Ausstattung für Dritte. Die Servicetechniker sind dann in der Lage, die benötigten Tools und Programme als ausführbare Dateien (Executables – *.exe) oder Installationsdateien (*.msi) bereitzustellen, so dass die lokalen Betreiber der Produktions-IT entsprechende Client-Computer vorbereiten können. Ob die benötigte Software erst käuflich erworben werden muss oder ob besondere Regelungen für solche administrativen Werkzeuge zu treffen sind, muss im Zweifel noch geklärt werden.

Wie immer im Leben gilt auch hier: keine Regel ohne Ausnahme. Nur sollten diese Sonderfälle hier besonders akribisch definiert werden. Nötig ist eine Ausnahmeregelung, die es den Betreibern – etwa in Krisenfällen wie einem Stillstand der Produktion – ermöglicht, eine Risikoübernahme durch den jeweils leitenden Angestellten (Leiter der Fertigung, Werksleitung) anzufertigen und eine Ausnahmegenehmigung für den Notfalleinsatz fremder Hardware zu erteilen. Diese Ausnahmegenehmigung kann formlos als Schriftstück erstellt werden; es empfiehlt sich jedoch, für diese ein Formblatt zu nutzen, in dem der Unterzeichnende die entstehenden Risiken formal akzeptiert.

Folgende Aufgaben stehen also für das Management des Fremd-Hardware-Einsatzes auf der Agenda:

1. Erstellung einer lokalen Regelung zum Verbot der Nutzung von Geräten Dritter an oder im (Produktions- und Anlagen-) Netz
2. Erstellung eines Formblatts zur Ausnahmeregelung im Notfall mit expliziter Annahme der Verantwortung und des Risikos durch den Unterzeichner
3. Frühzeitige Kommunikation vor Inkraftsetzung der Regelung an alle bekannten Dienstleister und Lieferanten mit Abfrage des Bedarfs für interne Hardware und benötigte Werkzeuge
4. Erstellung einer ausreichenden Anzahl an vorkonfigurierten und abgesicherten Laptops / Clients für die Nutzung durch Dritte
5. Erstellung einer ausreichenden Anzahl von «Besucherkonten» für die genannte Hardware mit ausreichender Berechtigung, die installierten Werkzeuge zu nutzen und die Aufgaben zur Entstörung bzw. Einrichtung ausführen zu können
6. Konzept zur Wartung und Aktualisierung der Techniker-Clients
7. Etablierung entsprechender Prozesse zur Wartung und Aktualisierung dieser Clients
8. Schulung und Unterweisung der betroffenen Mitarbeiter in Produktion, Werkschutz und Instandhaltung zur Einhaltung der Vorgaben

# 4 (IT-) Netzwerktechnik in der Produktion

## 4.1 Einleitung

Dieses Kapitel gibt einen Einblick in übliche Angriffsvektoren im Netzwerk und mögliche Abwehrmaßnahmen für TCP/IP-basierte Netzwerke. In der Produktion sind zum Zeitpunkt der Bucherstellung weitgehend noch Bustopologie-Netze wie der RS485 basierte BitBus, Bosch Rexroth mit Sercos, der bei Siemens gern verwendete ProfiBus, Modbus und CANopen, wie sie bei Schneider Electric oft zu finden sind, Rockwell Automation mit ControlNet und DeviceNet sowie CC-Link, das bei Mitsubishi Electric zu finden ist, im Einsatz, doch werden diese nach und nach durch ihre TCP/IP-Nachfolger (z.B. ProfiNet) ersetzt (Bilder 4.1 und 4.2).

**INTERNET**
Einen deutschsprachigen Überblick zu diesen Technologien findet man im Internet unter www.feldbusse.de im Abschnitt «Vergleich Feldbusse».

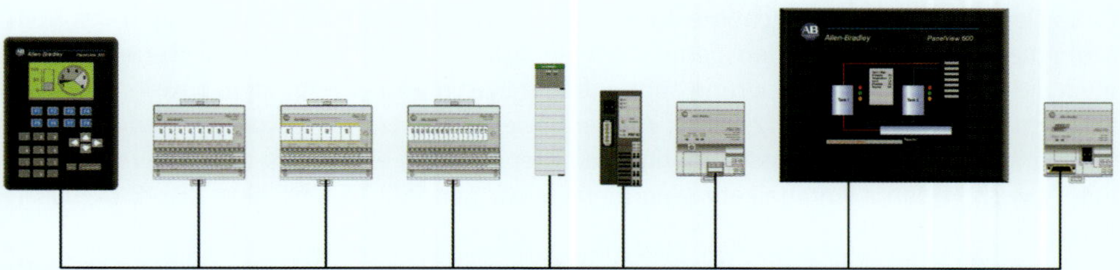

***Bild 4.1*** *Herkömmliche Bustopologie in industrieller Automation*

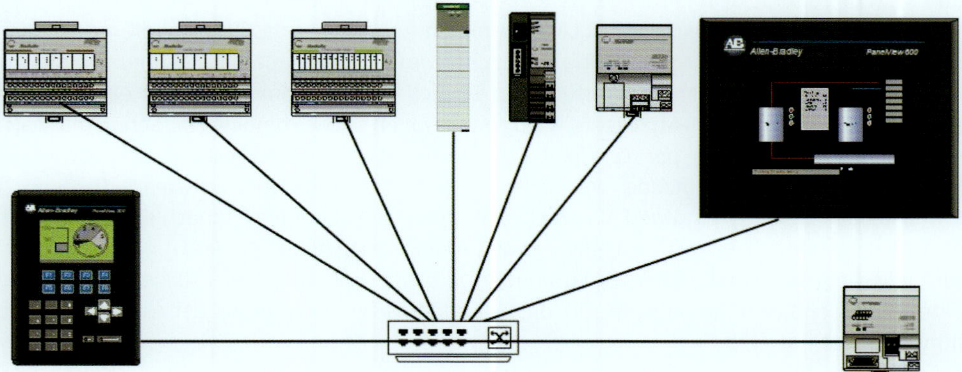


***Bild 4.2*** *Moderne Sterntopologie im Industrial Ethernet*

Neben reinen Steuerungsdaten werden neuere Nutzdaten wie Telefon- und Videosignale in den Fertigungsanlagen über das gleiche Netzwerk transportiert, so dass eine Fokussierung auf

TCP/IP-basierte Netzwerke sinnvoll erscheint. Der Schwenk von eher proprietären und deterministischen Bustopologien hin zu den nicht-deterministischen TCP/IP-Netzwerken geht mit einer großen Zahl von Angriffsvektoren einher, die alle Ebenen des Protokoll-Stacks mit den dort anzutreffenden Komponenten betrifft (Tabelle 4.1).

***Tabelle 4.1*** *Beispiel für mögliche Bedrohungen je Ebene des TCP/IP-Stacks*

| TCP/IP-Ebene | ISO-Ebene | Beispiel / Gerät | Bedrohung (Beispiel) |
|---|---|---|---|
| Applikation | 7, 6, 5 | Authentisierung, Autorisierung | Impersonation, Trojaner |
| Transport | 4 | TCP, UDP, Port, Socket | Denial-of-Service |
| Netzwerk | 3 | IP, Router | IP-Spoofing, Man-in-the-Middle |
| Link | 1, 2 | MAC, Switch, WiFi, Ethernet | MAC-Spoofing, Sniffing |

## 4.2 Bedrohungen und bekannte Angriffsmuster

Während in früheren Jahren die meisten Bedrohungen für Schwachstellen auf der Ebene des Betriebssystems identifiziert werden konnten, zielen heutige Schadprogramme und manuelle Angriffe häufiger auf die Applikationsebene bzw. Middleware und Tools ab. Hervorzuhebende Beispiele hierfür sind unberechtigte Zugriffe auf Daten und Funktionen, die durch das Kompromittieren einer existierenden Identität oder Infiltration von Schadcode ihr Ziel erreichen. Um etwa die Übernahme der Steuerung angegriffener Systeme zu unterbinden, bewähren sich als Schutzmaßnahmen (starke) 2-Faktor-Authentifizierungen (2FA) in Kombination mit einer feingranularen Berechtigungssteuerung und unter Nutzung einer Ende-zu-Ende-Verschlüsselung zwischen den Kommunikationspartnern (etwa per SSL/TLS-verschlüsselter Browser-Sitzung).

Unverschlüsselte und nicht authentisierte Verbindungen sind auf Transportebene leicht angreifbar, da die genutzten TCP-Ports zumeist bekannt sind. Ohne Schutz sind solche Sessions leichte Beute (*session hijacking*), so dass Maßnahmen zur Absicherung wie z.B. SOCKS-Proxies und SSL/TLS-Verschlüsselung sowie Firewall-Port-Regeln dringend evaluiert werden sollten.

Auf der Netzwerkebene (Network Layer) erfolgen Angriffe auf das IP Protokoll, indem über manipulierte IP-Adressen (IP-Spoofing) versucht wird, Einfluss auf die Kommunikation zu nehmen. Ein typisches Beispiel hierfür sind die sich in eine Kommunikation einklinkende ***M****an-****i****n-****t****he-****M****iddle*(MitM)-Attacken. Auch hier eignen sich kombinierte Schutzmaßnahmen mit Authentisierung per Zertifikat oder Diffie-Hellman-Schlüsselaustausch sowie die Verschlüsselung unter Nutzung von IPSec (sowohl im ***A****uthentication-****H****eader*(AH)- und ***E****ncapsulation-****S****ecurity-****P****ayload*(ESP)-Modus) als auch die Paketfilterung nach IP-Adressen. Es bleibt anzumerken, dass auch bei Nutzung von Diffie-Hellman (Bilder 4.3 und 4.4) ein Restrisiko für MitM-Angriffe beim Aufbau der Verbindung verbleibt – allerdings verursachen diese für die Täter einen deutlich höheren Aufwand, da ein korrektes Timing während der Angriffssequenz notwendig ist.

**DEFINITION**

**Diffie-Hellman-Schlüsselaustausch** ist ein Protokoll zur Schlüsselvereinbarung, entwickelt von Whitfield Diffie und Martin Hellman.

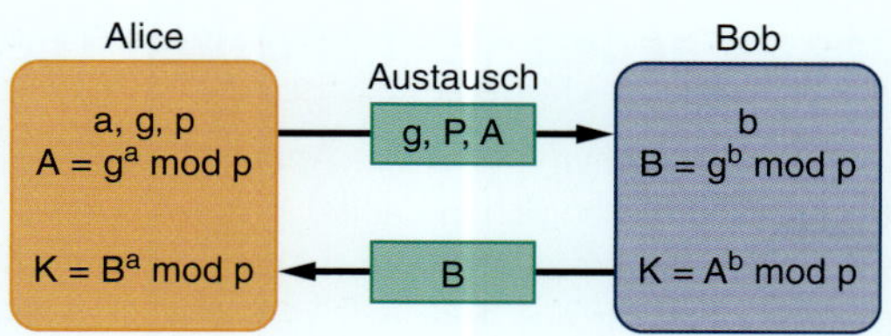


***Bild 4.3*** *Mathematische Basis für den Diffie-Hellman-Schlüsselaustausch*

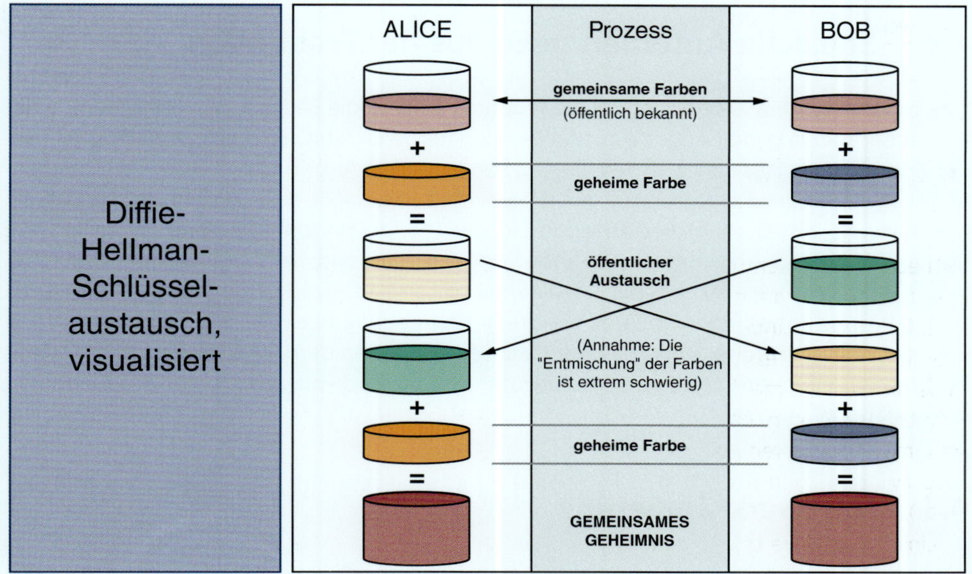


***Bild 4.4*** *Diffie-Hellman-Schlüsselaustausch als Protokoll zur Schlüsselvereinbarung, entwickelt von Whitfield Diffie und Martin Hellman, visualisiert in Farben*

Angriffe auf die Schicht der Netzwerk-Interfaces (Data Link Layer) erfolgen häufig, um Roh-Informationen über ausgetauschte Daten zu erhalten. Die mitgeschnittenen Daten des Netzwerkverkehrs können dann analysiert werden, um z.B. im Klartext übertragene Nutzernamen und Passwörter zu ermitteln oder mehr über die interne Struktur des Netzes zu erfahren. Die Verhinderung des physischen Zugriffs auf einen Signalträger (z.B. Kabel) ist zwar sinnvoll, schützt die Kommunikation auf dieser Ebene aber nicht immer zuverlässig. Gerade bei Funktechnologien wie WLAN nach 802.11 a/b/g/n ist solch ein Schutz nur sehr aufwendig möglich.

Im Folgenden wird beschrieben, wie aktuelle Bedrohungen und geeignete Schutzmaßnahmen sich schon bei der Planung der Produktionsnetze unter Nutzung von Industrial Ethernet, ProfiNet bzw. generell dem TCP / IP Stack berücksichtigen lassen.

## 4.3 Abgrenzung zu anderen behandelten Themen

Maßnahmen zur Steigerung der IT-Sicherheit auf der Applikationsebene werden in diesem Abschnitt nicht beschrieben, sondern finden sich in Kapitel 7 dieses Buches.

Die Betrachtung der Sicherheit der Produktions- und Anlagennetze schließt explizit die Safety, Betriebssicherheit und Ausfallsicherheit aus. Hierzu finden sich an anderem Ort umfangreiche Regelwerke und Maßnahmen, die auf die Anforderungen der Produktions- und Anlagennetze abgestimmt sind.

## 4.4 Spezielle Anforderungen aus der Produktion

Eine besondere Herausforderung für die Produktions-IT ist die Balance, eine Absicherung der Produktionsnetze gegen Angriffe zu etablieren, dabei jedoch nicht das primäre Schutzziel der Verfügbarkeit ins Abseits zu stellen. Genau wie bösartige Angriffe können schlecht geplante Maßnahmen zur Verbesserung der IT-Sicherheit ungewollt dazu führen, dass es zu einer (teilweise erheblichen) Beeinträchtigung der Produktion kommen kann. Insbesondere die in der Fertigung genutzten ProfiNet-Komponenten sind im Bereich der «Real-Time-Kommunikation» als eher sensibel einzustufen; so kann zusätzlicher Netzwerkverkehr durch Sicherheitsprüfungen oder Updates die Steuerung negativ beeinflussen. Es empfiehlt sich daher, vor einer Prüfung unter massiver Netzwerklast zunächst in lokal begrenztem Umfang in Testsegmenten eine Voranalyse durchzuführen um Rückwirkung auf die Produktion zu vermeiden.

## 4.5 Netzwerk-Zonierung

Wie bereits in Kapitel 3 beschrieben, kann eine erhebliche Risikominimierung durch eine Abgrenzung der Anlagen untereinander und gegenüber dem Office-Netz erreicht werden, da eine Vielzahl der Angriffsvektoren einen direkten oder indirekten Zugriff über das Netz benötigt. Die folgenden Abschnitte beschreiben, wie eine solche Zonierung geplant und umgesetzt werden kann. Bereits in der ISA 99 und der daraus teilweise abgeleiteten IEC 62 443 (siehe Bild 4.5) finden sich generische Vorgaben für die Zonierung, die in meisten Fällen aufgrund der Komplexität der Netze und der daraus resultierenden Anzahl notwendiger Conduits (Übergangspunkte) nicht immer als umsetzbar angesehen wurden.

### 4.5.1 Analyse der Kommunikationswege (Anlagenkomponenten)

Falls nicht bereits bei Lieferung und Inbetriebnahme erstellt, muss als Basis für das Zonierungskonzept in der Produktion jeweils ein Kontext-Diagramm je Anlage oder Maschine erstellt werden. Aus diesem muss klar hervorgehen, welche Anlage bzw. Komponente mit welchen anderen Anlagen oder Komponenten über welche Protokolle und Ports bzw. Netzwerktechnologien kommuniziert. Diese Kontext-Diagramme müssen möglichst konkretisiert vorliegen, so dass im nächsten Schritt eine lückenlose Kommunikationsmatrix für das betrachtete Netzwerk aufsetzen kann. Diese Matrix bildet dann die erste Grundlage für die Netzwerkauslegung bzw. das Zonenmodell und ergänzt gleichzeitig die bestehende Dokumentation des Netzwerks, die unter anderem bei der Konfiguration (z.B. Firewall-Regeln, IDS / IPS) und auch vom Betrieb Weiterverwendung findet.

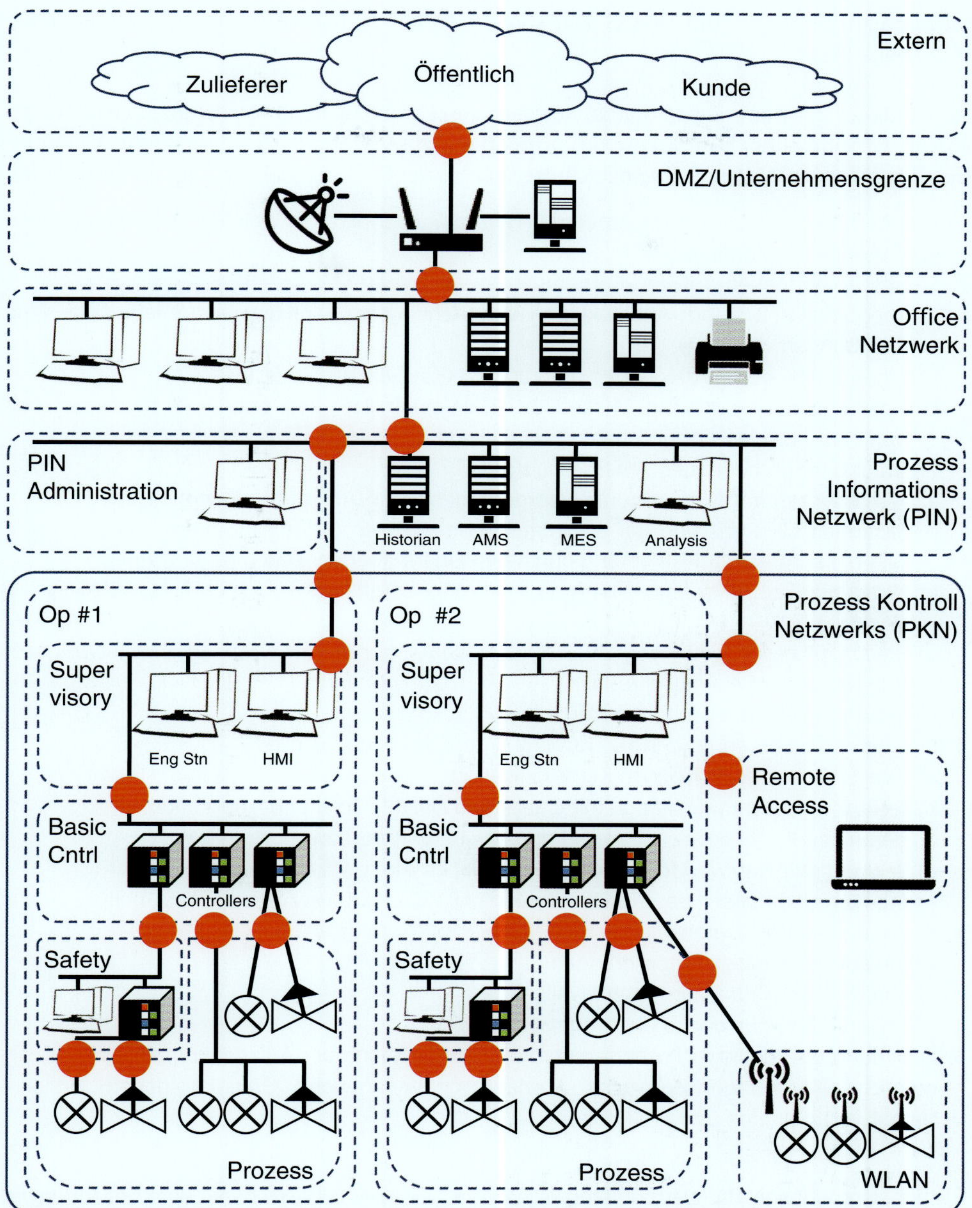


***Bild 4.5*** *ISA-99-Netzwerksegmentierung*

Als Alternative zur manuellen Erhebung bietet es sich an, an zentralen Stellen des zu betrachtenden Netzwerk(abschnitts) bzw. des Anlagennetzes einen passiven Mitschnitt des Netzwerkverkehrs (etwa per Wireshark an einem sogenannten Mirror-Port des genutzten Switches) anzufertigen, und diesen mittels nachgelagerter Analysewerkzeuge in ein automatisch generiertes Netzwerkdiagramm umzuwandeln. Je nach Werkzeug macht dies grafische Darstellungen und deren Anpassungen möglich (Cyberbit AnD for SCADA) bzw. eine anpassbare tabellarische Sicht, die um bereits vorhandene Asset-Informationen ergänzt werden kann (Achtwerk, IRMA).

Neben dieser «Bottom-up»-Methode, aus dem Verkehr die Ist-Kommunikation abzuleiten, hat es sich bewährt, über eine Erhebung im «Top-down»-Verfahren die theoretische Soll-Kommunikation zu definieren. Folgende Schritte sind bei der Erstellung dieser Soll-Liste notwendig:

1. Welche Komponenten kommunizieren bereits (dokumentiert) mit welchen anderen Systemen über welche Verbindungen?
2. Ermittlung der neuen Anlagen-Kommunikationsarchitektur
   a) Integration in Bestands-Applikationen (an welche Systeme soll die neue Anlage / Maschine angebunden werden?)
   b) Erhebung zu neu zu beschaffender Software (Kauf-/Individual-Software?)
   c) Ableitung der Architekturschichten (2-tier mit einem Fat-Client oder 3-tier mit Unterscheidung Presentation / Application / Data, Reverse-Proxy-Nutzung)
3. Ermittlung möglicher neuer Sicherheitsanforderungen
   a) Authentisierung / Autorisierungsanforderungen (User-/Access-Management)
   b) Sicherheitsklassifizierung der auszutauschenden Daten (öffentlich, intern, geheim usw.), falls bekannt – ggf. Bestimmung durch den Eigentümer der Daten (Data Owner)
   c) Notwendigkeit zur Isolation von Anlagenkomponenten (etwa durch veraltete Software wie Windows XP)
   d) Bedarf für besonderen Schutz von Anlagenkomponenten vor Netzwerk-Last (etwa durch ProfiNet-real-time-Anforderungen)
   e) Ermittlung eventuell mitgeltender Policies
4. Erstellung der Soll-Kommunikationsmatrix unter Benennung von
   a) Inhalt / Zweck der jeweiligen Kommunikation
   b) Richtung der Kommunikation mit Quelle und Ziel (IP / Port) und Applikation
   c) genutzten Protokollen (TCP / UDP) und bekannte Ports bzw. Sockets
   d) verwendeter Netzwerktechnologie (Industrial Ethernet, WLAN, Glasfaser)
   e) Inhalten und Klassen der Kommunikation (z.B. SQL, http usw.) für das IDS / IPS
   f) zu erwartenden Datenvolumina
   g) bekannten Echtzeit-Anforderungen
   h) spezifischen Aktualisierungsintervallen
   i) erwarteter Größe der zu übertragenden Dateien
5. Ermittlung erforderlicher Prozesse, um die Kommunikation der Anlagenkomponenten zu ermöglichen (Beantragungsprozesse, Ausnahmegenehmigungen, Gültigkeitsdauern, Rollen / Verantwortlichkeiten usw.)

Die hier beschriebene, durchaus umfangreiche Vorarbeit dient dabei nicht nur der Konzeption der neuen Netzwerkzonen, sondern auch der Unterstützung für weitere Aufgaben bei der Auslegung der Produktions-IT sowie der betreffenden IT-Komponenten der Anlage. Insbesondere sind hier eine mögliche Einbindung in das ***A****ctive* ***D****irectory* (AD) oder die Applikations-Einbindung für MES / FIS relevant.

Neben den genannten Fragestellungen aus Sicht der Informationssicherheit und insbesondere der Verfügbarkeit der Anlage müssen allerdings auch Aspekte des Anlagenbetriebs bzw. des Betriebs der IT-Komponenten in der Anlage berücksichtigt werden. Diese können durchaus gegenläufig zu den Anforderungen an die Sicherheit der Anlage sein und sollten deshalb als weitere Dimensionen hinsichtlich Bewertung und Einteilung gelten. Für eine mögliche Clusterung von IT-Komponenten im Vorweg der Einteilung in Zonen bewähren sich in praxi folgende Dimensionen:

- ähnlicher Schutzbedarf
  - ähnliche Vertraulichkeitsanforderungen
  - ähnliche Verfügbarkeitsanforderungen
- ähnliche betriebliche Anforderungen an die IT-Komponenten
- einheitliche Nutzungsgruppen oder Nutzergruppen
- einheitliche Zielsystem- oder Quellsystem Kommunikation
- ähnliche IT-Systeme (alles Linux-Server, alles Windows Clients, alle Thinclients …)
- u.v.a.m.

### 4.5.2 Zonierungsbeispiel

Um ein besseres Verständnis für den Ansatz der Clusterung der Systeme und der Einteilung in Zonen zu erhalten, bietet es sich an, diese an einem Beispiel zu erarbeiten. Hierfür wird zunächst eine Aufteilung in unterschiedlich schützenswerte Netzwerkzonen vorgenommen (Bild 4.6). Als Basis für diese Zonierung können Informationen aus den Ist-Kontext-Diagrammen oder der Soll-Kommunikationsmatrix dienen. Daraus lassen sich folgende Netzwerkzonen ableiten:

- Office-Netz: Bereitstellung der übergeordneten Planungs- und Administrationskomponenten und Infrastrukturen sowie der Storage-Systeme. Hier sind zumeist auch Verzeichnisdienste wie ein zentrales Active Directory sowie die zentralen Komponenten des ***E**nterprise* ***R**esource* ***P**lannings* (ERP, oft SAP) sowie der ***M**anufacturing* ***E**xecution* ***S**ysteme* (MES) und **F**ertigungs-**I**nformations**s**ysteme (FIS) angesiedelt. Dieses Netz der Office IT ist oft in diverse weitere Sub-Netze unterteilt;
- Produktionsnetzwerk: umfasst alle Anlagen und Endgeräte der Produktion sowie die lokal erforderlichen Instanzen von MES / FIS sowie ggf. notwendige Infrastrukturkomponenten. Das Produktionsnetzwerk ist in der Regel horizontal und vertikal weiter segmentiert, um die Anforderungen einzelner Produktionsschritte oder Gewerke besser abbilden zu können.

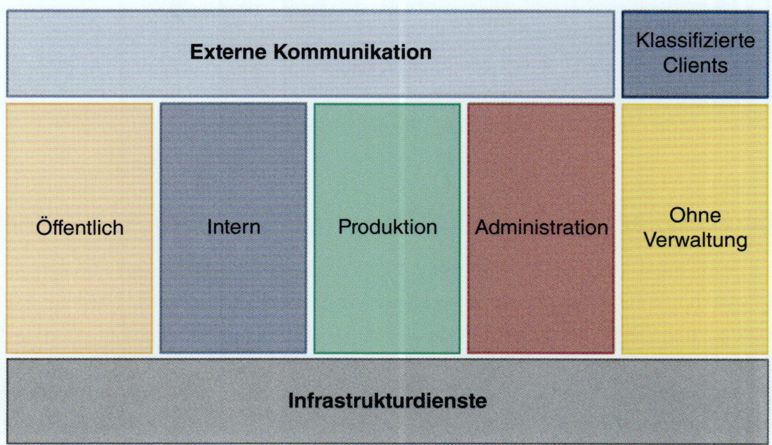


***Bild 4.6*** *Zonenkonzept*

Eine weitere Segmentierung des Produktionsnetzes erfolgt dann in der Regel auf Basis der Art oder Lokation der anzubindenden Gewerke. Da diese oft in eigenen Gebäuden untergebracht werden, hat sich im deutschen Sprachgebrauch der Begriff der Hallennetze etabliert.

Neben einer vertikalen Segmentierung sind die jeweiligen Gewerke oder Hallennetze auch horizontal getrennt. Dies folgt grob den Vorgaben der IEC 62 443 (vormals ISA 99), die die Produktion in eine oder mehrere Leitebenen oder *SCADA*-Netze (***S**upervisory **C**ontrol **a**nd **D**ata **A**cquisition*) unterteilt. Übergeordnet sprechen Experten hier auch von ***I**ndustrial-**C**ontrol-**S**ystem* (ICS)-Netzen sowie von Netzen der Anlagen- und **B**etriebs**m**ittel-**S**teuerungsebene (BMS). Diese untergeordneten Netze sind oft weiter segmentiert, um den betriebsmittelinternen Datenaustausch vor Störung durch anderen Netzwerkverkehr zu schützen und die Safety-relevante Kommunikation nicht zu beeinträchtigen (Bild 4.7).

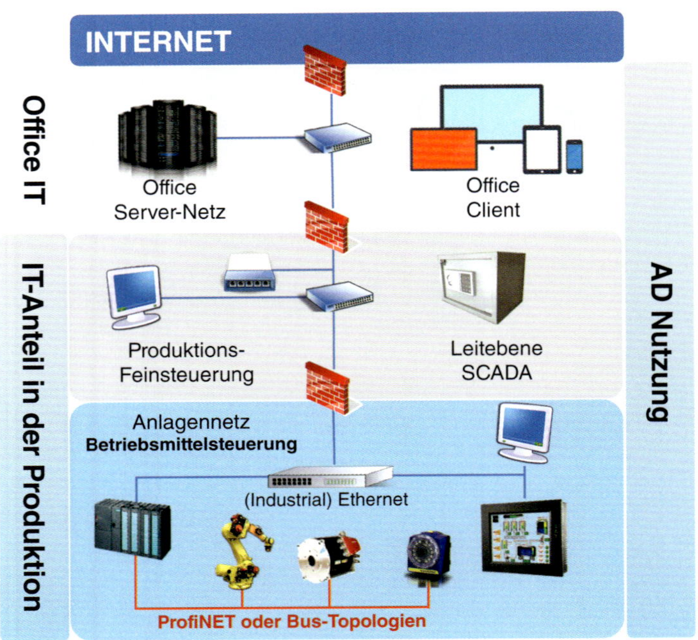


***Bild 4.7*** *Schematische Abgrenzung der Office IT gegen Industrial IT*

## 4.5.3 Gerätetypen und Betriebssystem-Versionen im Anlagennetz

Neben Visualisierungs- und Bedienrechnern mit Windows-Betriebssystem finden sich diverse weitere aktive (Netzwerk-) Komponenten, Steuerungs- und Leitrechner sowie eine Vielzahl an **s**peicher**p**rogrammierbaren **S**teuerungen (SPS), Fernbedienungsterminals, Sensoren und Aktoren sowie Robotereinheiten in einem typischen Anlagennetz.

Die SPS (engl.: ***P**rogrammable **L**ogic **C**ontroller*, PLC) dienen dazu, die Funktionen der Maschinen und Anlagen zu regeln, zu steuern (Aktoren) und Daten zu erfassen (Sensoren). Das Betriebssystem (Firmware) sowie die Anwenderprogramme **Ko**ntakt**p**lan (KOP), **Fu**nktions**p**lan (FUP) bzw. **F**unktions**b**austein**s**prache (FBS) sowie die **An****w**eisungs**l**iste (AWL) und **D**aten**b**austeine (DB) definieren dabei die jeweilige Funktionalität der SPS. Teilweise werden höhere Programmiersprachen genutzt, um die Anwenderprogramme zu erstellen. Neben Hardware-basierten Produkten wie der S7 der Firma Siemens existieren auch eine Reihe sogenannter Soft-SPS-Lösungen, bei denen die SPS als Programm auf einem PC ausgeführt wird. Teilweise sind dies auch Windows-Betriebssysteme, die mit Echtzeiterweiterungen ausgestattet wurden, um die besonderen Anforderungen an die Zeitkritikalität der Signale zu erfüllen.

**INTERNET**

Unter http://www.openplcproject.com/ sowie beim Anbieter Wago (PFC200) sind auch Linux-basierte Projekte bzw. Produkte geführt.

Bereits seit Mitte der 90er-Jahre werden Fernbedienungsterminals (engl.: ***R**emote **T**erminal **U**nit*, RTU*)* oder Anlagenbediengeräte (engl.: *Human Machine Interface*, HMI*)* genutzt, die auf frühen Versionen des Microsoft-Betriebssystems (Windows 95, Windows NT 3.51/4.0 sowie Windows 2000) verbreitet wurden. Daraus resultiert eine große Bandbreite an Legacy-Systemen, die bei der Absicherung der Netze Probleme bereiten können.

## 4.5.4 Netzwerktypen und Bustechnologien im Produktionsnetz

Neben dem bereits erwähnten TCP/IP-basierten Ethernet enthält ein Anlagennetz auch andere Netzwerktechniken wie ProfiNet oder auch serielle (RS485) Feldbus-Lösungen wie ProfiBus, BitBus, ModBus. In einigen Bereichen wird deren Migration auf das TCP/IP-basierte ProfiNet vorbereitet, in anderen Bereichen ist dies nicht möglich, so dass die Feldbussysteme netztechnisch ihre Isolation nötig machen. Bei neuen ProfiNet-Implementierungen oder bei Migrationen spielen insbesondere «Real-Time»-Anforderungen in der Anlage eine Rolle, da die Erfahrung aus ersten Projekten gezeigt hat, dass ProfiNet durch eine unzureichende Planung bei der Netzlast (etwa durch zu viele Teilnehmer) sehr schnell durch die verursachten Kollisionen instabil wird und Laufzeitprobleme zu Störungen in der Automatisierung führen. Abhängig von den angestrebten Übermittlungszeiten beim ***I**sochronous-**R**eal-**T**ime*(IRT)-Protokoll ist eventuell eine weitere Netzwerksegmentierung unter dem Gesichtspunkt der Betriebssicherheit erforderlich.

Für die Kommunikation mit Sensoren und Aktoren auf der untersten Ebene (Level-1-Automation) werden die erfassten Ist-Werte an die SCADA-Ebene gemeldet, dort visualisiert und zur Ermittlung neuer Stellgrößen und Sollwerte (Level-2-Automation) herangezogen. Die SCADA-Ebene erhält dabei Vorgaben aus der Planungsebene mit den Komponenten der Level-3-Automation (etwa vom MES / FIS) und liefert verdichtete Qualitätssicherungsdaten zur Dokumentation der Produktion an diese übergeordnete Ebene zurück.

Für die zentral gesteuerte Administration etablieren viele Organisationen dabei oft ein gesondertes Netzwerksegment, das an die zu steuernden Geräte über einen weiteren Netzwerkanschluss verbunden wird – wenn die Abwägung der Vorteile eines «Out-of-band»-Managements mit den Nachteilen evtl. dadurch geschaffener Netzwerkbrücken jenseits der Kontrolle durch Firewalls und ACL der Produktionsnetze überzeugt.

### 4.5.5 Betrachtung möglicher Bedrohungen

Für Produktionsnetze lassen sich Bedrohungen grundsätzlich in folgende Kategorien unterteilen:

- **Explizit**: Direkte Beeinträchtigungen oder Veränderungen der Datenflüsse im Produktionsnetz, die zu einer Beeinträchtigung der (Daten- oder Produkt-) Qualität oder zu einem Ausfall der Produktion für unterschiedlich lange Zeiträume führen können. Der erzeugte Schaden äußert sich etwa durch erhöhten Ausschuss-Anteil oder die reduzierte Anzahl produzierter Werkstücke bzw. Produkte.
- **Implizit**: Veränderungen der Daten im Produktionsnetz, die zu einer indirekten Beeinträchtigung führen. Die Folge einer derartigen Bedrohung ist in der Regel für die Produktion nicht sofort erkennbar, denn der Schaden wird häufig erst nach der Auslieferung an den Kunden deutlich. Der dabei verursachte Schaden ist durch den Aufwand möglicher Rückrufaktionen und daraus resultierender Image-Probleme erheblich.

Angriffe mit einer direkten Beeinträchtigung der Produktion können in der Regel schnell erkannt werden und erzeugen dadurch nur einen verhältnismäßig geringen Schaden mit kurzer Auswirkungsdauer und lokaler Eingrenzung. Der auftretende Produktionsausfall oder die notwendigen Nacharbeiten bleiben im kalkulierbaren Rahmen und lassen sich kompensieren. Dennoch sollte die Wahrscheinlichkeit solcher Angriffe durch gezieltes Risikomanagement und passende Maßnahmen nachhaltig gesenkt werden.

Die weitaus ernstere Bedrohung auf Anlagenebene besteht aus Angriffen, die die Produktion durch nach zufälligen Mustern eingespielte gefälschte Soll-Daten beeinträchtigen und damit schwer zu detektierende Qualitätsprobleme verursachen. Diese Fehler in den gefertigten Produkten lassen sich auf SCADA-Ebene zumeist nur schwer erkennen und sind nur durch neue Verteidigungsstrategien und organisatorisch-technische Methodenbündel zu kompensieren.

Sowohl für direkte als auch indirekte Angriffe muss berücksichtigt werden, dass die IT-Systeme und Komponenten in der Produktion in der Regel ihren Fokus nicht auf die Entdeckung und Abwehr von Angriffen hatten, sondern rein auf die Sicherstellung der geforderten Produktionsfunktionen ausgelegt wurden.

### 4.5.6 Betrachtung von Schutzmaßnahmen beim Netz-Zonenübergang

Wie bereits in Abschnitt 4.5.2 dargestellt, sollte die bevorzugte Maßnahme zur Abwehr von Bedrohungen und zum Schutz vor der Ausbreitung von erfolgreichen Angriffen die Erstellung von getrennten Netzwerkzonen sein, die nur über gut überwachte und restriktiv konfigurierte Sicherheitselemente wie Firewalls bzw. Gateways verbunden sind. Nach den Vorschlägen aus Abschnitt 3.5.1 kann eine Netzwerkzone etwa Komponenten mit gleichem Schutzbedarf, gleichem Kommunikationsbedarf oder ähnlichen operativen Anforderungen enthalten. Innerhalb einer solchen Netzwerkzone sollte es den Komponenten «erlaubt» sein, nahezu ungefiltert untereinander zu kommunizieren – es sei denn, die Einteilung wurde nach Gesichtspunkten vorgenommen, die einer bestimmten Schutzklasse entsprechen, und kein fachlicher Bedarf für direkte Kommunikation besteht. (*Nebenbei bemerkt:* Dies sollte in der Produktion ein Ausnahmefall sein, wie er etwa in der DMZ zwischen Produktionsnetz und Office-Netz zu finden ist.) Eine Kommunikation über die Netzwerkzone hinaus darf dann ausschließlich über die definierten Sicherheitselemente durchführbar sein. Nach Möglichkeit sollten diese Sicherheitselemente nicht nur Filterregeln auf IP/Port-Ebene unterstützen, sondern auch die Inhalte des zulässigen Verkehrs auf möglichen Schadcode untersuchen (*deep packet inspection*). Wenn hierbei Angriffe (bzw. Schadcode) zutage treten, sollte das Sicherheitselement die Netzwerkverbindung unterbinden (IDS-/IPS-Funktion) und entsprechende Warnmeldungen an einen zentralen Log-Server oder ein SIEM (*Security Information & Event Management*) senden.

Abhängig von den jeweiligen Rahmenbedingungen wie bereits vorhandener Hardware und deren Funktionsumfang sowie dem Bedarf für eine striktere oder gemäßigte Trennung der Netze lässt sich das Netz rein logisch über die Einrichtung von VLAN (*Virtual Local Arean Networks* nach 802.1Q) und VRF (*Virtual Routing and Forwarding*) trennen. Hierbei können auch Kombinationen mit einer zentralen Firewall-Komponente und *Access Control Lists* (ACLs) helfen, die ebenfalls über virtuelle Funktionen in Core-Switchen des Backbones oder durch zusätzliche Einschubmodule in deren Chassis implementierbar sind. Für den Fall, dass neue Hardware für die Access Level Switches (Etagenverteiler, Hallennetze / Zellen) verfügbar ist oder diese auf der Beschaffungsliste stehen, empfiehlt sich die Evaluierung der Nutzung von dedizierter Hardware für beide Bereiche. Diese physikalische Trennung der Netzwerkzonen führt in der Regel zu einem höheren Sicherheitslevel als bei logischer Trennung; letztere bietet allerdings eine höhere Flexibilität bei Planung, Einsatz und bei schnell auszuführenden Änderungen. Auch bei neu konzipierenden Netzwerken kann es daher sinnvoll sein, eine logische Trennung mit zusätzlicher Abgrenzung im Core zu bevorzugen, falls es keine speziellen Sicherheits- und/oder Betriebsanforderungen für eine physikalische Trennung gibt.

Planen Organisationen mehrere Standorte mit gemischten Produktions- und Office-Netzen, so kann dem möglichen Kommunikationsbedarf zwischen den Produktionssegmenten in den Standorten eventuell durch eine übergreifende Einteilung auf der Basis von MPLS (*Multiprotocol Label Switching*) begegnet werden. Dabei können auch über die Grenzen der lokalen Netze hinweg Kommunikationsbeziehungen zwischen den Maschinen und Anlagen beider Standorte nützlich sein, so dass beide Segmente nahezu transparent verbunden sind.

Obligatorisch sollte es in diesem Kontext sein, die Kommunikation mit Komponenten außerhalb der eigenen Netzwerkzone nur über definierte Sicherheitselemente zu gestatten und die Einhaltung entsprechender restriktiver Regeln zu überwachen. Das betreffende Sicherheitselement muss sowohl bei produktiven als auch bei administrativen Zugriffen einen Schutz vor

- Software mit Schadwirkung (Malware aller Art),
- unberechtigten Zugriffen und
- Denial-of-Service-Angriffen

bieten. Üblicherweise erweisen sich hier Firewalls und IPS (*Intrusion-Prevention-Systeme*) in Kombination mit Antimalware-Gateways als mehrwertig.

### 4.5.7 Sicherheitselemente am Netz-Zonenübergang

Je nach Art der Fertigungsanlagen und den Ergebnissen aus der Analyse der Kommunikationsmatrix leiten sich Unterschiede für die Notwendigkeit zur Trennung oder Zusammenlegung der Netzsegmente ab.

Die in Bild 4.8 dargestellten schematischen Firewalls können daher je nach Bedarf folgende Ausprägung haben:

- **Kabelverbindung ohne Schutzfunktion oder einfacher Router:** Die Netze sind nicht sicher getrennt und der Router leitet die Daten ungefiltert an andere Knoten (IP-Adressen) in den angeschlossenen Subnetzen weiter.

+: Keinerlei Auswirkung auf den Netzwerkverkehr durch geblockte Ports oder Protokolle. Zudem sind keine zusätzlichen Komponenten erforderlich (Kosten).

–: Das Anlagen-Netz bzw. die angeschlossenen Subnetze erfahren keinen zusätzlichen Schutz vor Angriffen aus dem Netzwerk der SCADA-Komponenten. Das SCADA-Netz hat ebenfalls keinen Schutz vor Angriffen aus dem Anlagen-Netz.

- **Firewall und IPS:** Eine ***N**ext **G**eneration **F**ire**w**all* (NGFW; Firewall mit eingebautem ***I**ntrusion **P**revention **S**ystem*; IPS) trennt die Teilnetze und blockt gemäß der Policy-Regeln den Datenaustausch, falls unbekannte Knoten bzw. IP-Adressen kommunizieren wollen. Lediglich die über exakt definierte Ports und IPs definierten Protokolle dürfen für Verbindungen zwischen den Zonen genutzt werden. Je nach Funktion der NGFW oder des IPS ist die Prüfung und ggf. Blockierung übertragener Inhalte hinsichtlich Schadsoftware unerlässlich. Besteht laut Analyse oder aus organisatorischen Sicherheitsgründen Bedarf für eine Trennung, ist dieses Sicherheitselement zu bevorzugen. Es muss jedoch organisatorisch dafür gesorgt werden, dass das Management des Elementes und seines Regelwerkes sichergestellt ist.

  +: Implementiert das geforderte Sicherheitselement nach Vorgabe

  –: Erfordert zusätzliche Investitionen in Komponenten und Management (Kosten). Die Firewall Policy und die IPS-Regeln müssen über einen Lifecycle-Management-Prozess administriert werden. Ein Bedarf für verschlüsselte Kommunikation oder VPN-Tunnel in andere Bereiche erfordert weiteren Aufwand an Hard- und Software sowie Personal.
- **DMZ***:* Insbesondere direkt zwischen Produktionsnetz und Office bietet sich die Einrichtung einer demilitarisierten Zone (DMZ) an, wie es auch im früheren ISA 99 und heutigen IEC 62 443 vorgeschlagen wird. Diese DMZ besteht aus zwei der oben beschriebenen Sicherheitselemente (FW-/IPS-Komponenten) und unterbindet durch die Regelwerke eine direkte Kommunikation zwischen den beiden Zonen. Der Zonenübergang kann jeweils nur von Produktion nach DMZ oder Office nach DMZ erfolgen – eine direkte «Durchschaltung» ist nicht erwünscht. Daten aus der Produktion können lokal auf Servern in der DMZ vorgehalten werden, um dort für ein Auslesen durch Rechner im Office-Netz erreichbar zu sein. Administrative Zugriffe aus dem Office-Netz in die Produktion können nur durch «Jump-Host» eines ***P**rivileged **A**ccess **M**anagement Servers* (PAM / PIM / PUM) oder zumindest getrennt über ein ***C**itrix **A**ccess **G**ateway* (CAG) mit nachgelagertem Windows Terminal Server erfolgen. Dabei ist der interaktive Datenaustausch (etwa die Bereitstellung von Patches, Updates oder neuen Konfigurationen) über eine geeignete Kommunikations-Komponente in der DMZ obligatorisch. Basierend auf den Anforderungen der Produktion sind weitere Komponenten in der Sicherheitszone der DMZ notwendig, die dem Management der Produktionskomponenten den Weg ebnen, wie beispielsweise Active Directory Server, Antivirus-Management-Systeme, Fileserver und ähnliche Systeme.

  +: Direkter Datenaustausch zwischen den getrennten Netzwerken ist unterbunden.

  –: Ein sehr hoher Aufwand für die zweischichtige Implementierung der DMZ und der dedizierten Systeme für das Vorhalten der Daten ist erforderlich (Server für Web-Services, File-Server, Access-Gateway sowie die Services DNS, DHCP, NTP, AV, AD, SCCM usw.).

### 4.5.8 Netz-Zonen und Adressierung (IPv4)

NAT (***N**etwork **A**ddress **T**ranslation*) ist eine häufig verwendete Technologie für die Konfiguration der Komponenten wie Router und Firewalls, um beiderseits Adressen aus dem begrenzten Portfolio der IPv4-Adressen einsetzen zu können. NAT ermöglicht die mehrfache Nutzung gleicher Adressbereiche in mehreren Lokationen und verbirgt die IP-Adressen in den Netzwerkzonen hinter dem NAT-Gateway. Jene Umsetzung stellt in den meisten Fällen kein Sicherheitselement dar, sondern ermöglicht lediglich die Beibehaltung etablierter Adressierungsschemata. Die hinter den

NAT-Gateways versteckten IP-Adressbereiche stammen üblicherweise aus dem Portfolio der «privaten IP-Netze» der Class A (10.x.y.z) und Class C (192.168.x.y), die nach IP-Standard nicht geroutet werden dürfen.

Ein Beispiel für durch solche Router getrennte Zonen in einer Produktion zeigt Bild 4.8.

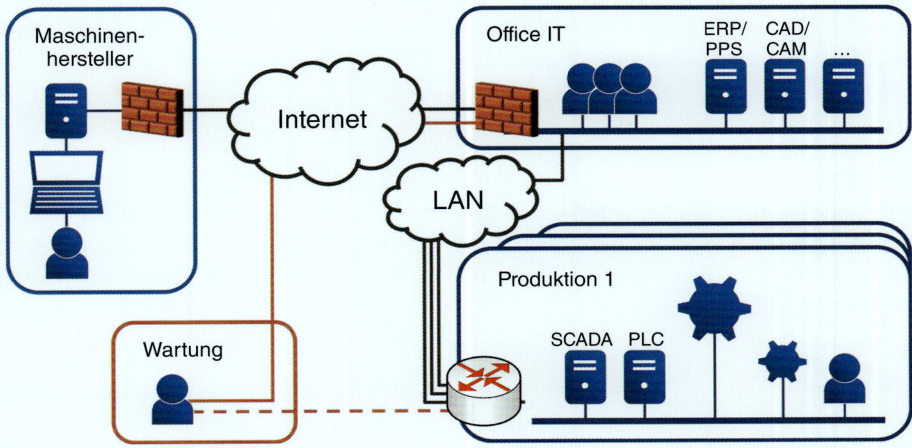


***Bild 4.8*** *Beispiel eines durch Router getrennten Produktionsnetzwerks*

### 4.5.9 Redundante Auslegung von Sicherheitselementen am Übergang

Da der Zonenübergang teilweise kritische Kommunikationswege kontrolliert, ist gemäß den Anforderungen der Kommunikationsmatrix eine redundante Auslegung der abbildenden Elemente erforderlich. So gelingt die Sicherstellung einer verfügbaren Kommunikation auch bei Ausfall eines Sicherheitselementes. Dabei hilft die Verbindung beider Instanzen in einer «Active-Active-Koppelung» unter Zuhilfenahme dynamischer Routingprotokolle. Das erforderliche dynamische Routing sollte über das ***O**pen-**S**hortest-**P**ath-**F**irst*(OSPF)-Protokoll mit Authentisierung und Verschlüsselung laufen.

### 4.5.10 Verschlüsselung in den Produktionsnetzen

Die in der Kommunikationsmatrix ermittelten Sicherheitsanforderungen über Datenklassifizierung bzw. Vertraulichkeit können die Nutzung von Verschlüsselungstechnologien erforderlich machen. Bei deren Nutzung kann generell unterschieden werden in

- Transportverschlüsselung von Gateway zu Gateway (Sicherheitselement) und
- Ende-zu-Ende-Verschlüsselung zwischen Clients und Servern.

Transportverschlüsselungen können an den Grenzen der jeweiligen Sicherheitszone terminieren, was die Untersuchung der Inhalte am Gateway durch IPS-Systeme ermöglicht. Im Bedarfsfall können die Daten beim Verlassen der alten und Eintritt in die neue Netzwerkzone wieder verschlüsselt werden, falls auch innerhalb des Zielsegments weiter Bedarf für den Schutz der Vertraulichkeit besteht.

Bei einer Ende-zu-Ende-Verschlüsselung ist ein Aufbrechen der Kommunikation gewöhnlich nicht durchführbar – es sei denn, man installiert explizit hierfür entwickelte Proxies bzw. Gateways, die eine sogenannte Deep Packet Inspection der entschlüsselten Kommunikation ermöglichen und den geprüften Inhalt dann für den weiteren Weg durch das Netz zum Endpunkt erneut verschlüsseln.

Der erhöhte Schutz für die Vertraulichkeit der übertragenen Daten in einer Ende-zu-Ende-Verschlüsselung stellt allerdings auch ein Problem für die Sicherheit der Netzwerkzone dar, da über diesen Weg eingeschleuster Schadcode am Gateway nicht erkannt und bereinigt werden kann.

**GRUNDSATZ**

Insbesondere für kritische Systeme und Segmente muss deshalb gelten, dass ungefilterter verschlüsselter Verkehr nur dann von einem unsicheren Segment in das sichere Segment übertragen werden darf, wenn die Verbindung nur aus dem inneren Netz in das unsichere Netz ausgehend aufbaubar ist.

Dieser Grundsatz muss in das Regelwerk jeder Firewall einfließen, die im Umfeld aktiv betrieben wird.

## 4.6 Anforderungen an den sicheren Netzwerkbetrieb

### 4.6.1 Remote Access

Eine Kommunikation von und zum Anlagen-Netz darf nur über die vom Betreiber vorgesehenen und zugelassenen sowie überwachten Wege erfolgen. Die Verwendung von individuellen Remote-Zugängen zu Anlagen und Maschinen, wie sie etwa über dedizierte Telefonleitungen, Modems, GSM / UMTS / 3G Router möglich sind, ist prinzipiell abzulehnen.

### 4.6.2 Stand der Software und Aktualisierungen

Die Versionsstände der Software in verwendeten Geräten im Anlagennetz sollten grundsätzlich möglichst automatisch erfasst und mittels eines geeigneten Asset-Managements, einer CMDB (Configuration Management Database) oder notfalls einer Excel-Liste oder lokalen Datenbank verwaltet werden. Auf diese Weise lassen sich ungeplante (vorsätzliche und unbeabsichtigte) Modifikationen frühzeitig erkennen – und im Störfall ist ein schneller Fallback auf eine funktionierende Software-Version bzw. Konfiguration möglich. Insbesondere bei der Überwachung der eigentlichen Programmierung und Konfigurationsüberwachungen haben sich Spezial-Softwarewerkzeuge wie «Version Dog» der Firma Auvesy als besonders wirksam erwiesen.

### 4.6.3 Zugelassene Geräte und Systeme

In einem gut verwalteten Anlagennetz dürfen nur bekannte und zugelassene Geräte betrieben werden. Unter Berücksichtigung der jeweils notwendigen Ausstattung der Komponenten mit passenden Supplicant-Treibern erwägen Organisationen durchaus die Integration und Verwendung von 802.1x (NAC, ***N**etwork **A**ccess **C**ontrol*). Unter Zuhilfenahme dieser Technik werden nur durch ACL (***A**ccess **C**ontrol **L**ist*) bzw. per Zertifikat genehmigte bzw. ausgewiesene Knoten für eine Kommunikation im Produktionsnetz zugelassen. Anlagen und Komponenten, für die keine NAC-Verifizierung möglich ist, gilt es folglich netzwerktechnisch zu separieren. Die Deaktivierung von NAC an einzelnen Ports am Switch öffnet einem gezielten Angriff auf eben diese «NAC-losen» Ports Tür und Tor – trotz aller Anstrengungen.

Die in einem mit NAC geschützten Netzsegment eingesetzten Komponenten müssen folglich unbekannte (NAC-lose) Geräte schnellstmöglich erkennen und von der Kommunikation des Netzsegmentes trennen, damit kein unerlaubter Zugriff auf die zu schützenden Anlagen-Komponenten stattfindet (Bild 4.9).

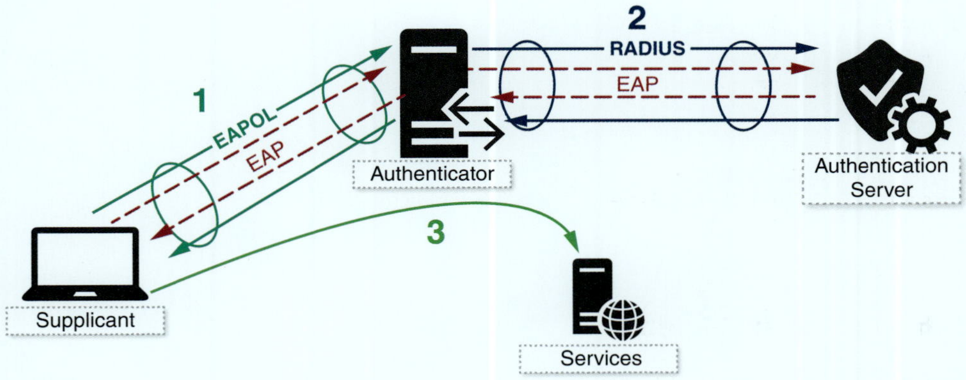


***Bild 4.9*** *Schutz des Produktionsnetzwerks durch Nutzung von 802.1x basiertem NAC*

# 5 Sicherheit von SCADA-/ICS-Komponenten

## 5.1 Einführung

Im Gegensatz zur Einschätzung der IT-Sicherheit aus Sicht der klassischen IT ist die Sicherheit von SCADA- und ICS-Komponenten aus einem anderen Blickwinkel zu betrachten. Der Ansatz der Staffelung von Maßnahmen zur Verbesserung der IT-Sicherheit (*defense in depth*) hat bislang in einigen Bereichen zu eher fragwürdigen Ergebnissen geführt – insbesondere, wenn das Ziel eines Angriffs eine Steuerungskomponente war. Beispiele hierfür finden sich unter anderem im Bereich der Hochofentechnik (Deutschland) bzw. der Energieübertragung (Ukraine). Häufig sind die Ansätze, die aus dem Bereich der klassischen IT-Sicherheit stammen, eher darauf fokussiert, Angriffe zu entdecken bzw. deren Auswirkung zu minimieren.

Dabei liegt die Priorität zumeist auf der Vertraulichkeit oder der Integrität der Daten, die im Produktionsnetz übertragen werden. Der eigentliche Ansatz sollte jedoch sein, die Verfügbarkeit der Produktionsanlage um nahezu jeden Preis aufrechtzuerhalten.

Ändert man den Blickwinkel und nimmt die Position eines klassischen Automatisierungstechnikers ein, so wandelt sich die Priorität direkt in die Verantwortung für Leib und Leben; der Fokus liegt also auf Safety-Aspekten und damit direkt auf dem Schutz der Steuerung von Informationen, die zwischen den SPSen ausgetauscht werden. Um hier eine wirklich differenzierte Betrachtung zu ermöglichen, muss eine klare Unterscheidung zwischen IT-Information und Steuerungsdaten erfolgen.

## 5.2 Produktionsdaten vs. Steuerungsinformationen

Wie der Begriff der Informationssicherheit bereits impliziert, liegt der Schutz der Unternehmensinformationen im Kern jeglicher Bemühungen zur Informationssicherheit. Es wird vorausgesetzt, dass die Informationen des Unternehmens entweder direkt oder indirekt einen berechenbaren Wert haben. Dies ist bei Informationen über Patentschriften oder sogenannten Trade-Secrets (also Firmengeheimnissen, wie etwa die Rezeptur der Coca-Cola) durchaus nachvollziehbar. Wenn wir den Blick jedoch auf Produktionsnetze lenken, entdeckt man mehrere Arten von Datenflüssen. Einige dieser Datenflüsse – insbesondere Produktionsdaten, die zum Beispiel Mengen oder Massen von Rohmaterialien umfassen – können durchaus mit einem Wert taxiert werden und sind somit aus Sicht der Informationssicherheit geldlich bewertbar und ihr Schutzbedarf (zum Beispiel im Hinblick auf Vertraulichkeit) lässt sich bestimmen.

Betrachten wir im selben Netzsegment die Kommunikation zwischen einem Steuerungsrechner und der eigentlichen speicherprogrammierbaren Steuerung bzw. den Verkehr zwischen der SPS und den Sensoren und Aktoren, ist eine Bewertung ungleich schwieriger. Diesen Informationen ist nur sehr schwer ein konkreter Wert zuordenbar. Und dennoch: Eine Manipulation dieser Informationen oder der Kommunikation zwischen den Knoten kann massiven Schaden – bis hin zu Verletzung oder Tod des Bedienpersonals – zur Folge haben.

## 5.3 Schutz von Steuerungsinformationen und Kommunikation

Während die Übertragung von Rezepturinformationen aus einem übergeordneten Ressourcenplanungssystem (etwa SAP) an die Leitsysteme der Anlage aus Sicht der Informationssicherheit zu bewerten sind, muss die Kommunikation zur eigentlichen Steuerung der Maschinen und Anlagenparameter (etwa Temperatur, Durchflussmengen oder Verweilzeiten) primär unter dem Aspekt der Erhaltung der Anlage und des Schutzes des Bedienpersonals bewertet werden.

Es ist hinlänglich bekannt, dass eine Manipulation dieser Steuerungskommunikation nur durch einen direkten Zugriff auf die Kommunikations-Infrastruktur oder die beteiligten Knoten möglich ist. In den meisten Fällen bedeutet dies, dass zunächst eine Reihe umfassender Maßnahmen der IT-Sicherheit zu überwinden sind, falls der Angreifer ein Täter von außerhalb des Unternehmens ist. Betrachtet man jedoch die Statistiken zur Verteilung der Angreifer auf Innentäter und Außentäter, so wird ersichtlich, dass die Anzahl der gut ausgebildeten und mit umfassenden Kenntnissen der Systemtechnik ausgestatteten Innentäter ein erhebliches Ausmaß erreicht. Es wäre demzufolge ein gravierender Fehlschluss, davon auszugehen, dass die IT-Sicherheitsmaßnahmen, die für den Schutz vor Außentätern implementiert wurden, auch einen ausreichenden Schutz gegen Manipulation und Sabotage durch Innentäter gewähren.

Aufgrund des hohen Schadenspotenzials, den solche Täter verursachen, sollte auf einen Schutz der Steuerungskommunikation und den Zugriff auf deren Infrastruktur besonderes Augenmerk gelegt werden.

Die etablierten Maßnahmen der IT-Sicherheit sind hier zwar nicht komplett wirkungslos, durch Kenntnis der Wirkungsweise dieser Systeme kann der Innentäter diesen Maßnahmen jedoch oft geschickt ausweichen und direkten Zugriff auf die Steuerungskommunikation nehmen. Aus Sicht der SCADA- Sicherheit sind also andere Verteidigungsstrategien und Schutzmaßnahmen zwingend erforderlich.

Einige mögliche Maßnahmen der Absicherung sind vor allem die Kontrolle des administrativen Zugriffs auf ICS- und SCADA-Komponenten unter Verwendung von Privilege-Access-Management(PAM, PIM oder *PUM*)-Lösungen und die Einführung starker Authentisierung mit zwei (2FA – ***Zweif****aktor-****A****uthentisierung*) oder mehr Faktoren (MFA – ***M****ulti****f****aktor-****A****uthentisierung*) bzw. die Nutzung von zentral verwalteten Identitäten und die ebenso zentrale Verwaltung von Zugriffsrechten, wie sie unter anderem durch klassische Identity&Access-Management-Lösungen vorgenommen wird. Parallel zur Absicherung der Konten und des Zugriffs selbst sollten dann Maßnahmen für das Monitoring und die stetige Überwachung im Rahmen eines Session Managements oder eines Session Recordings vorgenommen werden. Hierbei werden die durch den Instandhalter, Dienstleister oder Einrichter der Anlage vorgenommenen Änderungen im Rahmen eines «Screen Capturing» oder «Screen Recording» sowie einer parallel stattfindenden Aufzeichnung der Tastatureingaben (*keylogging*) dokumentiert und stehen dann für «Post-mortem»-Analysen bereit. Eine vorsätzliche Manipulation und oder Sabotage der Anlage kann so zwar nicht verhindert werden, die Gefahr einer zeitnahen Entdeckung und Zuordenbarkeit für den Missetäter steigt jedoch extrem. Als positive Nebenwirkung ergibt sich die einfach Exkulpation aller anderen Zugriffsberechtigten in der Analysephase eines Vorfalls, da direkt nachvollziehbar wird, wer wann wie die maliziöse Änderung vorgenommen hat. Als Beispiele für die erfolgreiche Absicherung solcher Zugriffe kann die französische Wallix-Lösung genannt werden, die sowohl lokale Zugriffe innerhalb eines Werkes als auch die Fernzugriffe von Dienstleistern absichern hilft. Für eine starke Authentisierung der Anwender können zum einen ältere Verfahren wie OTP-Token (***O****ne-****T****ime* ***P****assword*) oder Smartcards zum Einsatz kommen; diese sind jedoch durch die zusätzlich notwendige Hardware und die erforderliche Nutzung von Smartcard-Lesern eher unpraktisch. Hier haben sich modernere Verfahren wie das Smartphone-basierte APIIDA Mobile Authentication bewährt, die sowohl für die Anmeldung am Computersystem selbst als auch zur Absicherung des privilegierten Zugriffs auf (Web-) Anwendungen als mobile MFA-Lösung nutzbar sind.

## 5.4 Absicherung der Steuerungs-Infrastruktur

Im Sinne einer weitgehenden Netzsegmentierung kann man davon ausgehen, dass eine möglichst gute Abschottung der Netzsegmente für Steuerungskommunikation von solchen zur IT-Kommunikation innerhalb der Produktion als Designziel gesetzt ist. Dennoch lassen sich in einigen Bereichen Vermischungen nicht vermeiden, da ein Umbau bestehender Strukturen zu aufwendig oder eine Trennung aus technischen Gründen nicht umsetzbar ist. Insbesondere die tiefere Integration der ERP-Systeme in die Fertigung und der zunehmende Bedarf, Informationen über den Status der Produktion in Echtzeit abfragen zu können, limitiert die Fähigkeit zur Trennung der Netze.

Im Idealfall lässt sich jedoch schon bei der Planung der Netze eine saubere Trennung etablieren, die sich bis auf die physische Verbindung der Komponenten erstreckt. Eine doppelte Ausstattung mit Netzwerk-Hardware im Feld ist zwar technisch die beste Lösung, erfordert jedoch auch entsprechende Investitionen in Hardware. Die derzeit typischerweise zum Einsatz kommende Trennung über VLANs hat sich in mehreren Fällen als überwindbar erwiesen, stellt im Grunde aber ein annehmbares Mittelmaß an Sicherheit dar, wenn die VLANs entsprechend verwaltet, überwacht und abgesichert sind. Ein vielversprechender Ansatz bei der Erweiterung dieses Konzeptes findet sich im Bereich der Virtualisierung der Betriebssysteme der zum Einsatz kommenden Switches. Ähnlich wie bei einem virtualisierten Rechner laufen hier zwei autarke Betriebssysteme parallel, die jeweils nur für einen Teil der lokalen Ports verantwortlich sind und diesen Verkehr komplett separat verwalten (ähnlich wie VLANs, nur eben auf anderer Ebene). Lediglich der – physisch nur einmal vorhandene – Uplink-Port zur zentralen Netzkomponente wird dann über entsprechende Regelwerke abgesichert und steht «virtuell getrennt» beiden Instanzen zur Verfügung.

Das eine virtuelle Netzsegment sollte dann lediglich die zur Steuerung der lokalen Anlagen benötigten SCADA- und ICS-Protokolle für Sensoren, Aktoren und Steuerungen erlauben, während im anderen Netzsegment die typische ERP/MES-Kommunikation und die notwendigen Web-Anwendungen zu finden sind.

Unabhängig davon, on nun mit virtuellen Switchen, VLANs oder in Hardware getrennten Netzen gearbeitet wird – ein Übergangspunkt zwischen den Netzen ist unausweichlich für die Kommunikation. Wie in Abschnitt 4.5.6 beschrieben, bietet sich eine zentrale, mehrstufige Firewall-Infrastruktur an, in die sowohl Netze der Office IT und der ERP/MES-Kommunikation münden. Ein Bedarf für eine direkte Integration der SCADA-/ICS-Segmente auf dieser Ebene sollte – zumindest aus Sicht der IEC 62 443 – gar nicht notwendig sein, da diese Kommunikation eher lokal in Zellen, Linien oder auf Hallen begrenzt sein sollte (und dort ggf. durch spezielle, kleine Firewalls oder Gateways terminiert wird).

## 5.5 Absicherung der Steuerungskomponenten

Durch die Vielzahl an Herstellern, Produktlinien, Typen und Modulen in der heutigen Automatisierung ist es nahezu unmöglich, allgemein gültige Hinweise für zumeist heterogene Landschaften mit SPS-/PLC-Bestand zu geben. Die Erweiterung bekannter Produktlinien um neue Funktionen und deren Pflege über längere Zeiträume hinweg haben zudem zu einer Situation bei den Betreibern geführt, in der zwar äußerlich identische SPS zum Einsatz kommen, diese jedoch von Hardware-Revision und Softwarestand oft erhebliche Unterschiede aufweisen. Die wenigsten Betreiber haben hier eine aktuelle digitale Übersicht, was konkret in welcher Anlage in welcher Form verbaut ist, da entsprechend geeignete Softwarewerkzeuge für das Asset- und Configuration-Management fehlen. Die in der Office IT seit der Einführung von ITIL standardmäßig genutzten Systeme können nicht eingesetzt werden, da sich die Steuerungskomponenten weder per zu installierendem Agenten noch über in der IT gängige SNMP-Abfrage o.Ä. ausreichend detailliert abfragen lassen. Selbst wenn Unternehmen es schaffen, einen einheitlich dokumentierten Stand der jeweiligen Softwareversionen und -konfigurationen zu einem Zeitpunkt X zu erstellen, so steht der erhebliche Aufwand, diese Informationen stets aktuell zu halten, in kaum messbarem Verhältnis zum Zugewinn an situativer Sicherheit zu einem zukünftigen Zeitpunkt Y. Wenn jedoch ein umfassend aktuelles Lagebild offensichtlich zu teuer in der Bereitstellung und Erhaltung ist, sollte dennoch der Fokus auf einen möglichst aktuellen Stand der Dokumentation gelegt werden. Zum Zeitpunkt der Erstellung dieses Buches standen noch keine universell einsetzbaren und hinreichend detaillierten Werkzeuge für eine (semi-) automatische Verwaltung der Assets zur Verfügung. Es bleibt jedoch vordringliches Ziel, mit einem – je Organisation und Schutzbedarf unterschiedlich hohen – Dokumentationsaufwand ein Mindestmaß an Aktualität und Detailgrad bei der Erfassung der eigenen Produktionskomponenten und Steuerungsanlagen zu erhalten. Ob und in welcher Form dies werkzeugunterstützt erfolgen kann, hängt wiederum stark von der Ausrichtung und dem Standardisierungsgrad der jeweiligen Landschaft ab. Am Ende gilt: besser eine gut gepflegte Excel-Liste als gar keine Dokumentation. Im Idealfall ist die Dokumentation so weit automatisiert, dass Änderungen an der Konfiguration einer SPS durch den Abgleich von Hashwerten (Fingerabdrücken) entdeckt und gegebenenfalls automatisiert gesichert werden. Falls die Änderung nicht autorisiert war, führt dies zu einer Warnmeldung und einer automatischen Überschreibung der Konfiguration mit der letzten validierten Version aus dem Backup. Solche Systeme erfordern jedoch ein vollständig vernetztes und stets online befindliches Steuerungsnetz – ein nicht immer wünschenswertes Zielszenario, wie die vorangegangenen Abschnitte zeigen.

# 6 Verzeichnisdienste in der Produktion

## 6.1 Allgemeines

In der vergangenen Dekade hat der vermehrte Einsatz von Computern mit Microsoft-Betriebssystemen in Anlagennetzen und der Produktion die Betreiber der Industrial IT vor neue Aufgaben gestellt. Neben der Verwaltung der für den Zugriff notwendigen lokalen Benutzerkonten ist eine große Anzahl an Clients und Servern mit Microsoft-Betriebssystemen zu verwalten, die – zumindest wünschenswerterweise – mit Software-Patches und gemeinsamen (Sicherheits-) Richtlinien zu versorgen sind. Nun ist es mühsam, diese Vielzahl an Rechnern sicher zu betreiben, insbesondere wenn dies manuell erfolgen muss und keine zentrale Verwaltung zur Verfügung steht.

Generalisiert leitet sich der Bedarf für eine zentrale Verwaltung von IT-Komponenten ab, die unter Nutzung eines geeigneten Verzeichnisdienstes realisiert werden können. Für Landschaften mit einem hohen Anteil an Microsoft-Betriebssystemen bietet sich die Nutzung des ***A**ctive **D**irectory **D**omain **S**ervices* (ADDS) oder kurz Active Directory (AD) an. Im Grunde ist das AD ein an allgemeinen Standards angelehntes LDAP-Verzeichnis, das Computer, Benutzer, Berechtigungsgruppen, Richtlinien und Assets in einem zentralen System speichert. Diese zentrale Instanz wird als ***D**omain **C**ontroller* (DC) bezeichnet, über den sich Assets und Konten gemeinsam speichern, betreiben, verwalten und überwachen lassen.

Aufgrund seiner hohen Relevanz für die Office IT haben sich eine Reihe von weiteren Verwaltungswerkzeugen ein AD3 als Basis gewählt, so dass etwa die Konsolen mehrerer großer – für einige Produktionsanlagen und Systeme freigegebener – Antivirus-Systeme auf das Vorhandensein eines ADs bauen – jedoch immer unter Berücksichtigung, dass es gleichermaßen spezifische Komponenten der Produktion gibt, die explizit nicht im Kontext von AD-Konten betrieben werden können (einige HMI und Überwachungssysteme erfordern die Ausführung im Kontext lokaler Konten, was eine detaillierte Analyse der verwendeten Systeme erfordert), bevor die Reichweite eines AD festgelegt werden kann. Unter Berücksichtigung der Sicherheitsaspekte in der Produktion führt der folgende Abschnitt in die Möglichkeiten der Verwendung von Verzeichnisdiensten ein und erläutert die wichtigsten Design- und Architekturkriterien.

## 6.2 Abgrenzung

Der Themenkomplex der Verzeichnisdienste ist äußerst umfassend und benötigt sowohl Spezialisten-Wissen für die Planung als auch umfangreiche Erfahrung für den sicheren Betrieb. Die folgenden Ausführungen wurden vor dem Hintergrund einer Sicherheitsbetrachtung und mit dem Ziel einer Verbesserung der operationalen Effizienz bei der Verwaltung von Windows-basierten Assets in der Produktion verfasst. Sie spiegeln die Sicht der Industrial IT und deren ganzheitlichen Bedürfnissen wider. In diesem Kontext stehen ebenfalls Sachverhalte auf dem Prüfstand, die in der Office IT klar außerhalb des Security-Fokus betrachtet werden. Besonders zu nennen sind Aspekte der Betriebssicherheit und der Administration, die sich aus den Nutzungsszenarien der Industrial IT ergeben und die sowohl Design als auch Betrieb eines ADs in der Produktion wesentlich bestimmen. Eine tiefergehende Betrachtung der grundlegenden Active-Directory-Technologie ist nicht Gegenstand dieses Buches, sondern kann ausführlich in den von Microsoft selbst zur Verfügung gestellten Dokumenten nachgelesen werden. Eine Reihe von Schulungsunternehmen bietet zudem die standardisierten Schulungen zum Microsoft Certified Solutions Associate und Expert (MCSA und MCSE) an.

Es bleibt anzumerken, dass weitere Sicherheitsaspekte, die nicht das AD betreffen bzw. in gleicher Art auch für Computer ohne AD-Integration auftreten, nicht Gegenstand der Betrachtung sind.

## 6.3 Einfluss der Netzwerkplanung und Architektur

Das AD ist zunächst ein Netzwerk-Betriebssystem und baut auf der Netzwerktopologie auf, in die es eingebunden werden muss. Zwar ist die Nutzung eines ADs auch in einem Umfeld mit heterogenen IP-Adressen möglich, es bleibt jedoch zu beachten, dass das AD diese Subnetze dann gewöhnlich als Standorte betrachtet und eine Replikation der AD-Container-Daten zwischen den «Standorten» erfordert.

**INTERNET**
https://technet.microsoft.com/de-de/library/cc754697(v=ws.11).aspx

Um den Betrieb eines ADs zu gewährleisten, ist zudem eine Namensauflösung per ***D**omain **N**ame **S**ervice* (DNS) unabdingbar. Über das DNS werden die im AD bereitgestellten Ressourcen zugeordnet und gefunden. Der AD-Service veröffentlicht Service Records im Netzwerk und stellt diese über DNS zur Verfügung. Der benötigte DNS-Service kann sowohl auf BIND-Servern oder über die Rolle «DNS Server» für Windows-Server im AD integriert betrieben werden. Weitere Grundlagen zum AD-Design sind den einschlägigen Büchern und Onlinequellen im Microsoft Technet zu entnehmen.

## 6.4 Nutzen von Verzeichnisdiensten in der Produktion

Die Nutzung eines Verzeichnisdienstes bzw. ADs im Produktionsumfeld bietet sowohl funktionale als auch sicherheitsrelevante Vorteile. Diese ergeben sich aus der Eigenschaft als zentral und variabel konfigurierbarem Verzeichnisdienst, der die Vorteile einer Delegation von Verwaltungsaufgaben ermöglicht und eine zentrale Definition, Verwaltung und einen kontrollierten Rollout von Richtlinienobjekten (sogenannte ***G**roup **P**olicy **O**bjects*, GPOs) realisiert. Diese GPOs ermöglichen es, einzelne Richtlinien gezielt zu bündeln und an Gruppen von Assets oder Benutzern zu verteilen. So lässt sich eine einheitlich konfigurierte Umgebung unter Berücksichtigung der kritischen Sicherheitsaspekte für alle Teilgruppen umsetzen. Weitere Vorteile eines ADs als Verzeichnisdienst in der Produktion sind etwa die zentrale Verwaltung von Computern, von Sicherheitsgruppen und Konten, Richtlinienobjekten und Assets sowie die Möglichkeit, alle Konfigurationsdaten zentral im Verzeichnis zu speichern. Ausfallsicherheit bzw. Wiederherstellung lassen sich so effizienter sicherstellen, da Konfigurationsdaten automatisch redundant auf jedem Domain Controller (DC) repliziert werden und dort verfügbar sind. Im Idealfall – und exzellente Planung vorausgesetzt – ist sogar eine gemeinsame Datenhaltung über die Grenzen mehrerer Werke oder Gewerke möglich. Dies erfordert jedoch ein klares administratives Modell, das Berechtigungen klassifiziert und gegeneinander abgrenzt, um Missbrauch zu verhindern. Unter bestimmten Voraussetzungen können auch bestehende Objekte (insbesondere Benutzerkonten) aus vorhandenen AD-Verzeichnissen der Office IT übernommen und optional genutzt werden. Ein besonderer Vorteil ergibt sich jedoch aus der flexiblen Strukturierung des ADs, die eine klare Abgrenzung der Produktionsbereiche über jeweils eigene Verzeichnisabschnitte ermöglicht (etwa je Gewerk, je Linie, je Halle usw.).

Um den Aufwand zu minimieren und Aufgaben dort anzusiedeln, wo die notwendige Sach- und Fachkenntnis vorhanden ist, bietet ein AD auch die Delegation von administrativen Aufgaben. So kann etwa die Hoheit für einen der genannten Verzeichnisabschnitte zusammen mit den zugehörigen Objekten – wie beispielsweise den definierten Gruppen, den enthaltenen Computern, den GPOs und weiteren Assets – delegiert werden. Während eine zentrale Abteilung für Infrastrukturen den eigentlichen Kerndienst des ADs bereitstellt, übernimmt zum Beispiel die Instandhaltung in der Montage recht einfach die Verantwortung für «ihre Assets und Konten» und richtet somit selbst die Zuständigkeiten (Rollen) in ihrem Bereich an den eigenen Erfordernissen aus. Hierzu gehört auch durchaus eine weitergehende Delegation der Aufgaben, etwa an externe Dienstleister sowie das Recht und die Pflicht, die notwendigen Berechtigungen weiter abzustufen – etwa die Rechte für Instandhaltungsaufgaben an Anlage A von denen für Anlage B abzugrenzen.

Als zusätzlich eigenständiger Bereich mit spezieller Expertise ist die Verwaltung der Richtlinienobjekte, also der GPOs, zu betrachten. Diese zentral und vor allem konsistent für Computer, User und Gruppen anzulegen, erfordert Kenntnisse und Geschick. Jedoch die einfache Anpassung und zentrale Pflege für eine Vielzahl ansonsten manuell zu pflegender Systeme zahlt sich an dieser Stelle aus. Ebenso kommt hier zum Zuge, dass sich GPOs im Bereich der delegierten Zuständigkeiten konsistent pflegen und anwenden lassen bzw. so ein zentral gesteuerter Rollout von GPOs im Bereich der delegierten Zuständigkeiten möglich ist. Hiervon ist abzugrenzen, dass gleichzeitig auch Security-Richtlinien mit übergreifendem Scope zum Einsatz kommen. Der Betrieb eines ADs erfordert eine gewisse Infrastruktur, die im Vorwege bereitgestellt und nachhaltig sicher betrieben wird. Dies setzt die Nutzung eines routingfähigen IP-Netzwerks für die Domain Controller voraus, das eine ausfallsichere Namensauflösung mittels Domain Name Service (DNS) bietet. Der Domain Controller selbst sollte ausfallsicher sein, was als Kernbestandteil eines gesonderten Administrations- und Betriebskonzepts aufzuführen ist. Es wird ersichtlich, dass sowohl Planung, Vorbereitung als auch Installation und späterer Betrieb eines ADs einen umfangreichen Aufwand erfordern und hohe Kosten verursachen. Dem gegenüber stehen die Vorteile der Konsolidierung und Zentralisierung administrativer Aufgaben.

### 6.4.1 Nutzungsarten und Modelle

Basierend auf dem Bedarf nach mehr Integration oder einer stärkeren Trennung von Office IT und Industrial IT, gilt es abzuwägen, welche Nutzungsarten und Architekturentscheidungen wie zu definieren sind. Hierfür ist es zielführend, die Begriffe Domain, Tree und Forest im ersten Schritt zu erläutern.

Der wichtigste und grundlegende Baustein eines ADs ist die sogenannte **Domain**: In ihr werden alle zusammengehörenden Objekte erfasst und gespeichert. Im Anschluss erfolgen die Definition ihrer eigenen Policies und Einstellungen sowie das Setzen von Berechtigungen und Abgrenzen der Objekte. Damit sind die Verwaltungsgrenzen für ein Subset an Assets klar umrissen: Sicherheitseigenschaften und Policies überschreiten nie die Grenzen ihrer Domain.

Die nächstgrößere logische Einheit – bestehend aus einer oder mehreren Domains – ist der **Tree**. Innerhalb des Trees erfolgt die Definition von Ressourcen, die auch über die Grenzen der Domain hinaus nutzbar sein sollen. Die Domains innerhalb eines Trees sind hierarchisch verknüpft. Fügt man der einzigen Domain in einem Tree ein weiteres Element hinzu, wird dies automatisch als «Child», also als Kind der bereits existierenden Domain, definiert. Am Beispiel der «prod.de»-Domain wäre dies dann «guss.prod.de». Eine weitere Domain kann nun als «Schwester» der Guss-Domain auf derselben Ebene oder als Kind definiert werden. Folglich wären die Geschwister «sand.guss.de» und «fein.guss.de» beides Kinder der «guss.de»-Domain. Jede Domain kann nun für sich Organizational Units (OUs) enthalten.

Möchte man mehrere voneinander stark unterschiedliche Bereiche wie etwa Guss und Endmontage mit unterschiedlichen Anforderungen und logischen Strukturen innerhalb einer Hierarchie abbilden, so bietet es sich an, einen **Forest** zu etablieren. Die erste Domain eines Forests gilt dabei als Forest Root Domain. In einem Forest gibt es einen globalen Katalog und eine grundsätzlich einheitliche Schemadefinition, eine logische Struktur und Verzeichniskonfiguration. Die einzelnen Trees eines Forests sind dennoch weitgehend unabhängig voneinander zu administrieren und unterstützen auch abweichende Namensschemata und Betriebsmodelle (Bilder 6.1 und 6.2).

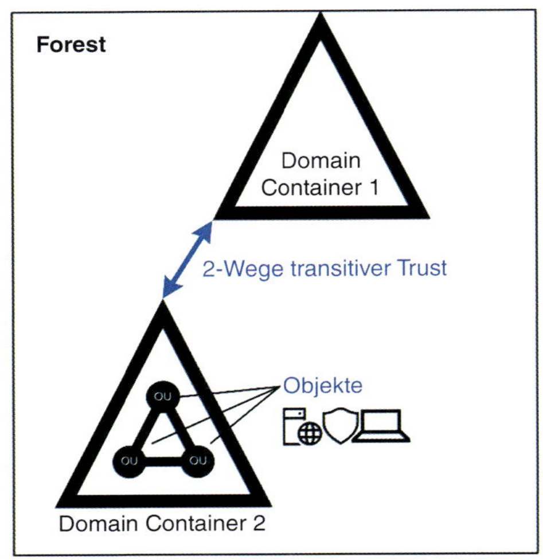


***Bild 6.1*** *Domain und Forest*

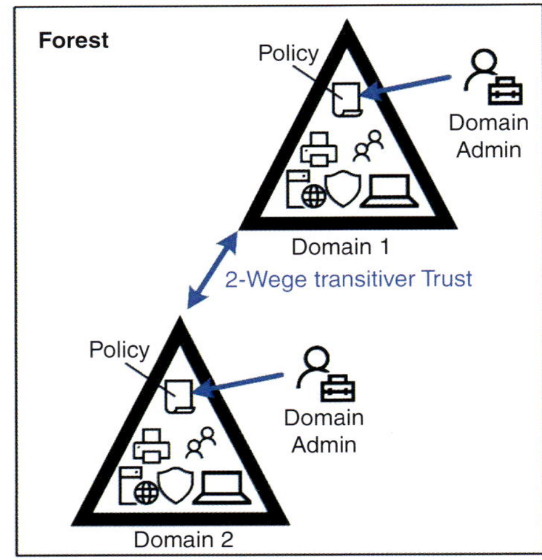


***Bild 6.2*** *Domain-Administration*

Grundsätzlich lassen sich zwei Varianten unterscheiden:

- Industrial IT als Organisationseinheit (OU) innerhalb des ADs einer Office IT oder
- eine eigenständige Industrial IT AD Domain parallel zu einer Office IT Domain.

Hierbei gilt es zu unterscheiden zwischen

- einem komplett separaten AD-Forest und
- einer Konfiguration mit definierter Vertrauensstellung zwischen dem AD der Office IT und dem AD der Industrial IT.

Ein besonders wichtiger Aspekt beim Aufbau eines ADs und seiner Domainstruktur ist der sogenannte «Trust»: die Vertrauensstellung zwischen zwei Domains. Domains innerhalb eines Trees verfügen über transitive Vertrauensbeziehungen. Wenn Domain Container 1 der Domain Container 4 traut und die Domain Container 5 der Domain Container 4 vertraut, so vertraut die Domain Container 5 automatisch auch der Domain Container 1. Man kann über solche Vertrauensbeziehungen also auch Verbindungen zu Domains in anderen Trees herstellen. Hierbei ist zu beachten, dass grundsätzlich bidirektionale Trusts innerhalb eines Trees zu finden sind, auch wenn sich explizit unidirektionale Trusts erstellen lassen. Im Kontext der Produktion ist dies vor allem dann sinnvoll, wenn Benutzer der Domain Container 1 nur auf Ressourcen in Domain Container 4 zugreifen dürfen und nicht umgekehrt (Bild 6.3).

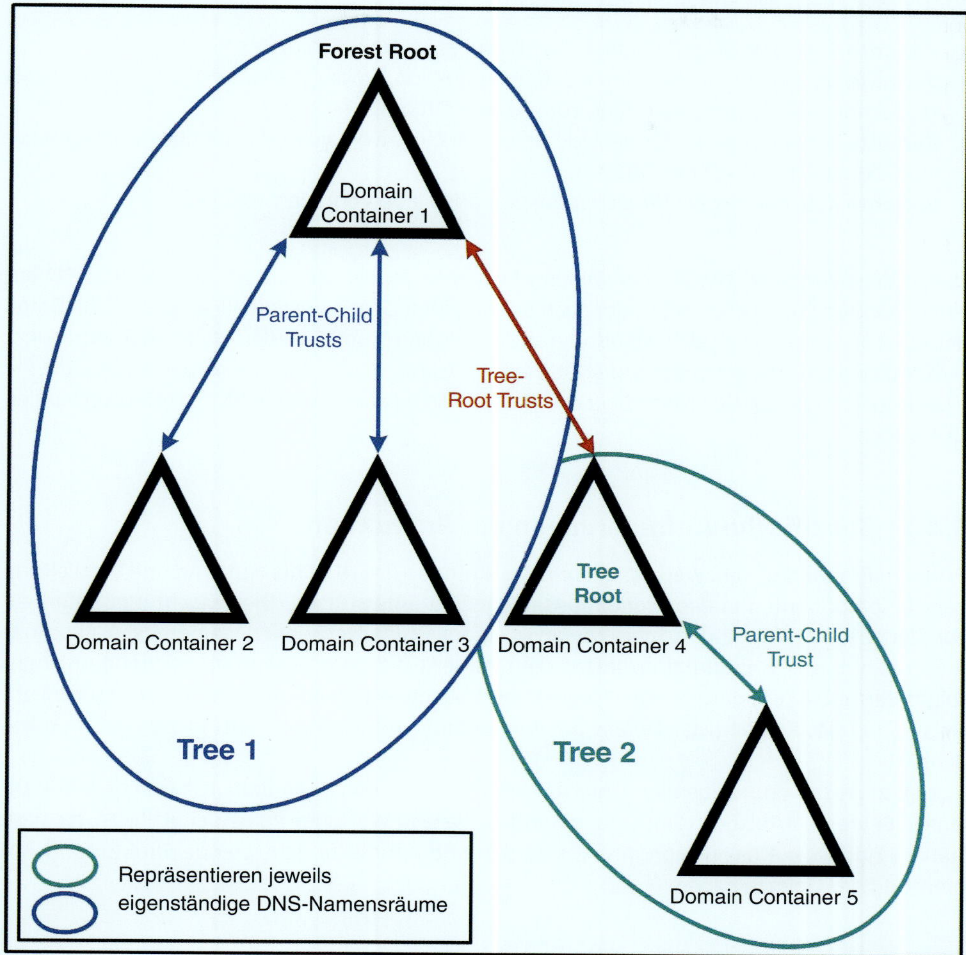


***Bild 6.3*** *Domain Container und DNS-Namensräume*

Einen Sonderfall stellen die «External Trusts» dar, die für Vertrauensstellungen zwischen modernen Active Directory Domains (2008 R2 und höher) und älteren Domains (etwa auf Basis NT 4.0) notwendig sind. Diese gilt es als zwei einzelne unidirektionale, nicht-transitive Trusts zu etablieren. Allen beschriebenen Szenarien ist gemein, dass die Verwaltung der Computer, produktionsrelevanter Richtlinienobjekte und Security-Gruppen für OUs zentralisiert erfolgt.

Hinzukommt, dass mit Hilfe der Rechtevergabe festgelegt wird, auf welche Systeme die einzelnen Gewerke Zugriff haben und wie die Administration derselben erfolgt. Abstrakte übergreifende Verantwortlichkeiten sollten dagegen immer auf Domain- oder Forest-Ebene verbleiben.

Während die Varianten auf Ebene der Gewerke ein gleichartiges Design aufweisen, unterscheiden sie sich wesentlich durch den Grad des Vertrauens zwischen der Produktion und anderweitig betriebener AD-Infrastruktur sowie die unterschiedlich ausgeprägte Integration. Die Erfahrung zeigt, dass nahezu alle Spielarten im Feld anzutreffen sind:

- **Variante 1:** Eigene OU im AD der Office IT, volles Vertrauen in dieses AD
- **Variante 2:** Eigene Domain im AD der Produktion, volles (transitives) Vertrauen in das Produktions-AD. Keine Verbindung zum AD der Office IT
- **Variante 3:** Separates AD für die Produktion mit einer Domain und einseitiges Vertrauen der Prod-Domain in das AD der Office IT
- **Variante 4:** Separates AD für die Produktion ohne jede Vertrauensstellung

Neben dem Vertrauen besteht ein weiterer Sicherheitsaspekt darin, dass ein einzelnes AD auf einen Standort (Site) beschränkt oder auch über mehrere Standorte verteilt sein kann. Die Daten des ADs können immer an allen Standorten zur Verfügung gestellt werden, da sie replizierbar sind. Dies setzt jedoch eine entsprechende Netzwerk-Infrastruktur und IP-Adressierung voraus, die mit einer Kopplung der lokalen Netze über ein ***M**ultiprotocol-**L**abel-**S**witching*(MPLS)-Netz verbunden sein sollten.

### 6.4.2 Spezifische Anforderungen der Produktion

In einem Produktionsnetzwerk ist die primäre Aufgabe des ADs, die Nutzung und Verwaltung von IT-Komponenten in den Produktionsanlagen zu unterstützen. Dies weicht meist stark ab von den Prioritäten und den Schutzzielen in einem Office-Netzwerk. Wie bereits in Abschnitt 4.5 erwähnt, gilt in Produktionsnetzwerken zumeist die grundlegend abweichende Reihenfolge: Verfügbarkeit, gefolgt von Integrität und Nachweisbarkeit und letztlich Vertraulichkeit. Dies ist bei der Planung der Details der Architektur und Implementierung zwingend zu beachten!

Neben diesen grundlegenden Unterschieden sind die möglichen Betriebszustände wie «Anlage in Betrieb», «Anlage in Einrichtung» und «Anlage in Wartung» zu berücksichtigen, da diese starken Einfluss auf das Design des ADs an sich und auf die zu definierende Struktur und Abgrenzung der Objekte haben.

### 6.4.3 Nutzung des Active Directory

Über die Konfiguration von Rollen für den Betrieb des ADs selbst und für den Betrieb eingebundener «Member» (Mitglieder) des ADs lässt sich das Problem der Rechte-Zuweisung lösen.

**DEFINITION**
Als «**Member**» wird jeder in das Active Directory eingebundene Server bezeichnet.

Statt «diskret» jedem Mitarbeiter einzeln die erforderlichen Rechte einzuräumen, wird über die Rollen-basierte Zuordnung (auch «***R**ole **b**ased **A**ccess **C**ontrol*» oder RBAC genannt) die einfache Verbindung von Rollen mit Personen ausgeübt. Die Zuordnung zwischen Gruppen und Konten im AD rundet dann die Verwaltung ab. Scheidet ein Mitarbeiter aus oder übernimmt er neue Aufgaben, kann einfach seine Rolle neu zugewiesen werden und seine Berechtigungen sind angepasst. Die Steuerung des Zugriffs auf die Systeme der Produktion wird hierdurch zentralisiert und deren Administration stark vereinfacht. Durch eine entsprechende Trennung der Aufgaben für Rollendefinition (etwa durch den Leiter der Instandhaltung) und Rollenzuordnung (etwa durch die Industrial-IT-Spezialisten oder gar den zentralen Servicedesk) wird die Bearbeitung flexibler und die Regelung der Zugriffe wird sicherer und vor allem nachvollziehbar.

Definiert man eine Rolle für einen bestimmten Anlagentyp, so kann man diese sehr einfach für mehrere Anlagen anpassen. Je nach Bedarf lässt sich dann ein Konto mehreren Rollen für verschiedene Anlagen zuordnen. Um eine Anmeldung am Rechner auszuführen, muss das Konto entweder direkt aus dem AD stammen, dessen Ressourcen man nutzen möchte (AD der Produktion) oder aus einem vertrauten AD (etwa dem der Office IT), das nur die Konten bereitstellt. Sowohl Anmeldung als auch Authentisierung mit diesem Konto sind folglich grundsätzlich für jedes Mitglied des Produktions-ADs möglich – unabhängig davon, ob der entsprechende Benutzer an diesem PC eingerichtet wurde oder nicht.

Es lassen sich einfach auch übergeordnete Kategorien von Rollen definieren, die etwa den typischen Anforderungsprofilen entsprechen, wie z.B. Werker, Instandhalter, IT-Spezialist und AD-Betreiber. Durch eine geschickte Gestaltung der Vertrauensstellung oder über Richtlinien kann die Nutzung bestimmter Konten auch auf einzelne Rechner, Gruppen von Computern oder OUs im Produktions-AD eingeschränkt werden.

### 6.4.4 Vertrauensmodelle für Produktions-ADs im Vergleich

Die Erfahrung hat gezeigt, dass die durch Größe und Komplexität sowie lockeren Umgang mit Policies verursachte Offenheit von Netzwerken der Office IT eine große Angriffsfläche für Sicherheitsattacken bietet. Etablierte Vermeidungs- und Sicherheitsstrategien für den Einsatz in der Office IT lassen sich nur begrenzt auf Produktionsnetzwerke übertragen, da die Anforderungen hinsichtlich Echtzeitverarbeitung und Regelwerken eine Nutzung der erprobten Regelwerke begrenzen oder gar unmöglich machen. Insbesondere die Regelungen zur automatischen Abmeldung bzw. Sperrung der Rechner bei Inaktivität würden in der Produktion genauso zu massiven Problemen führen wie die automatische Verteilung, Installation und Neustart der Rechner durch zentrale GPOs. Die schlechte Übertragbarkeit solcher Maßnahmen hat dazu geführt, dass Produktionsnetzwerke deutlich schwieriger vor Sicherheitsattacken zu schützen sind als Office-Netzwerke.

Daraus leitet sich wiederum ab, dass Produktions-ADs und Office-ADs gleichermaßen getrennt voneinander betrieben werden sollten, wie dies auch für Produktionsnetzwerke und Office-Netzwerke empfohlen wird. Je nach Situation und Ausgangslage und natürlich basierend auf der gewünschten Zielsituation kann es deshalb sinnvoll sein, AD-Konstrukte auf Basis einer in das Office-AD integrierten OU für die Produktion zu entflechten und in ein spezielles Produktions-AD zu überführen. Es ergeben sich drei Varianten zur Vertrauensstellung zwischen dem AD der Office IT und dem Produktions-AD (Bild 6.4):

1. Prod-AD mit einzelner Domäne, einseitige Vertrauensstellung zum Office-AD
2. Eigene Domäne eines Prod-ADs ohne Vertrauensstellung
3. Prod-AD mit einzelner Domäne, keine Vertrauensstellung

Die genannten Varianten unterscheiden sich hinsichtlich ihrer Abgrenzung zum Office-AD.

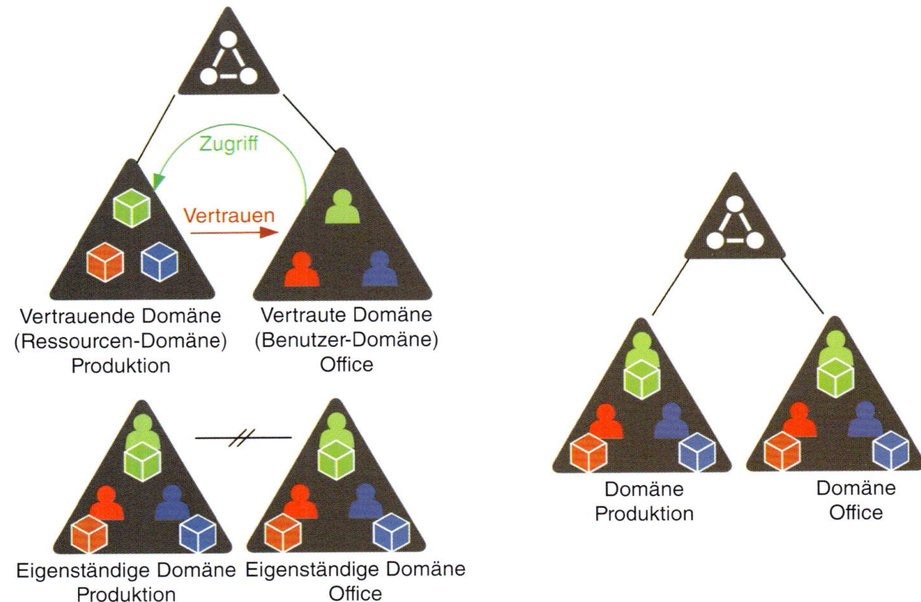


***Bild 6.4*** *Drei Varianten zur Vertrauensstellung zwischen dem AD der Office IT und dem Produktions-AD*

Die Variante 3 erlaubt eine maximale Trennung zwischen Office- und Produktionsnetzwerk, erfordert jedoch auch eigene Implementierungen von Sicherheitsmaßnahmen und die Gestaltung eines eigenen Managementkonzeptes. Auch könnte die Erstellung einer eigenen Benutzerverwaltung in Betracht kommen, die – mit dem Aufbau einer eigenen PKI kombiniert – zertifikatsbasierte Anmeldungen für Personen und Maschinen im AD ermöglicht. Sollte Variante 1 zum Zuge kommen, bestehen verschiedene Optionen, die Verbindung und den Trust zwischen den Domänen aufzubauen. Auch wenn die Umsetzung durchaus komplexe Firewall-Regelwerke erfordert, sollte die Kommunikation der ADs über eine DMZ realisiert werden.

## 6.5 Namenskonventionen: Anforderungen an die Namensräume

AD-Domänen tragen sowohl einen DNS-Namen als auch einen NetBIOS-Namen. Der NetBIOS-Name muss hierbei im Netzwerk einmalig sein, während in unterschiedlichen Netzsegmenten ein ***F****ully* ***Q****ualified* ***D****omain* ***N****ame* (FQDN) auf unterschiedliche IP-Adressen auflösen kann und muss. Insbesondere für die Konfiguration von AD-Servern in der DMZ zwischen Produktion und Office-Netz ist die Identität des AD-Server-Namens mit dem DNS-Namen wie im Netzsegment der jeweils vertrauenden Domäne zwingend notwendig.

Die Toplevel-Domain für den DNS-Namensraum des Unternehmens (etwa «Supply» für die Supply GmbH) setzt den ersten Teil des Namens verbindlich fest und wird durch die Namen der unterschiedlichen Sub-Domains (etwa «Office» und «Produktion») ergänzt. Um an einer konzernweiten DNS-Namensauflösung teilnehmen zu können, muss das Namenskonzept durchgängig sein. Jede der DNS-Subdomains ordnet sich in einen gemeinsamen DNS-Tree unter der Toplevel-Domain ein.

Damit sind die DNS-Namen der AD-Domain entsprechend ihrer Position im Tree vorgegeben. Um Überschneidungen zu vermeiden und Verwirrungen vorzubeugen, sollte der DNS-Name einer Produktionsdomain sich als einzigartiger Teil des Namensraumes des DNS-Trees im Unternehmen einfügen. Im Fall mehrerer – ähnlich oder gleich aufgebauter – Standorte (hier «Augsburg» und «Chemnitz») empfiehlt es sich, die exakt identische Namenshierarchie an allen Standorten zu nutzen. Am Beispiel der Supply GmbH an zwei Standorten wären sie wie folgt zu benennen:

**BEISPIEL**
Giesserei.Augsburg.Produktion.Supply
Giesserei.Chemnitz.Produktion.Supply

Entsprechend wäre die Buchhaltung an beiden Standorten im Office-Netz:

Buchhaltung.Augsburg.Office.Supply
Buchhaltung.Chemnitz.Office.Supply

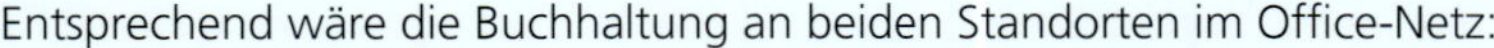

Auch falls zum Zeitpunkt der Planung eines Produktions-ADs oder einer eigenen Domain noch keine unternehmensweite Namensauflösung erforderlich zu sein scheint, sollte bei der Planung des Namensraumes eine entsprechende Aufteilung befolgt werden. Dies ermöglicht die spätere Integration in das Office-AD und damit die Teilnahme an der übergreifenden Namensauflösung sowie die Anbindung an andere Ressourcen des Unternehmens.

Ein allgemein verbindliches Namensschema zur Benennung von Domains / Subdomänen existiert nicht, jedoch müssen die verwendeten Namen im Netzwerk eindeutig sein. Um Funktionsproblemen vorzubeugen, sollten NetBIOS- und DNS-Name als identisch vorgesehen werden und dabei kurz und «sprechend» sein. Präventiv sollte vor dem Beginn der Planung eines ADs für die Produktion die DNS-Namensgebung mit der Office IT abgestimmt werden.

## 6.6 Domain Controller mit eindeutigem IP

Wie in Abschnitt 9.3 angedeutet, werden im AD die über schnelle und verlässliche Netzwerke verbundenen IP-Subnetze gemeinsamen Standorten (sogenannten *Sites*) zugeordnet. In Konsequenz erfolgen ebenfalls eine Site-Zuordnung für jedes AD-Computerobjekt und eine Zuweisung des Standortnamens im AD Sites. Die Domain Controller (DC) registrieren Service-Records in DNS, in denen die Standortnamen angegeben sind, sowie Host-Records (A-Record), die dem Hostnamen eines DCs eine IP-Adresse zuordnen. Diese Einträge werden u.a. genutzt, um einem Client die IP-Adresse von DCs an seinem Standort (oder am nächstliegenden Standort) zur Verfügung zu stellen.

Sollten Netzwerk-IDs nicht eindeutig sein, so kann sich dies auf die Zuordnung von Computern zu Sites auswirken. Die IP-Adresse eines DCs, die an einen Client zurückgegeben wird, kann in einem solchen Fall die eines Computers an einem entfernten Standort sein. Diese Fehlzuordnung führt u.a. dazu, dass die Verbindung zum DC scheitert oder zu geringe Leistung, Timeouts und unnötiger Datenverkehr über die Weitverkehrsverbindungen (WAN-Links) die Folgen sind.

IP-Adressen, Netzwerk-IDs und AD-Sitenamen, die im Zusammenhang mit Service-Records verwendet werden, müssen daher zwingend eindeutig sein. Dies gilt auch für solche von vertrauten Domänen.

**INTERNET**
Weitere Informationen zu Server Resource Records:
http://technet.microsoft.com/en-us/library/cc961719.aspx

## 6.7 Zonenkonzepte und AD

Eine der wichtigsten Grundlagen für das Erreichen von mehr Sicherheit in der Produktion ist die Planung und Umsetzung eines sorgfältig vorbereiteten Zonenkonzeptes für die Netzwerkebene. Entsprechend der beispielhaften Ausführungen in Abschnitt 3.4 lässt sich das Netzwerk im Unternehmen grob wie folgt aufteilen:

- Office-Netz
- Produktionsnetz
  - Leitebene (SCADA-Netz)
  - Anlagennetze (ProfiNet)

Diese Aufgliederung kann sehr viel feiner ausdefiniert werden und muss am Bedarf des Unternehmens ausgerichtet sein. Ist bereits eine umfassende Integration von Office-Systemen wie SAP in der Produktion erfolgt, so lassen sich diese nur schwer wieder entflechten, ohne Einbußen bei der Nutzbarkeit nach sich zu ziehen. Sind im zuzuordnenden Produktionssegment wenige Komponenten aus dem Office-Netz genutzt oder erreichbar, so ist die Umsetzung eines Zonenkonzeptes leichter. An dieser Stelle muss erneut auf die starken Abhängigkeiten zwischen einem logischen Zonenkonzept, einer Trennung auf IP-Ebene und der Unterteilung in AD-Domains hingewiesen werden. In vielen Unternehmen ist zum Beispiel die Nutzung privater IP-Adressen (etwa aus den Netzen 192.168.1.z , 172.16.x.y und den 10.x.y.z) sowohl für Office- als auch für Produktionsnetze üblich. Hier ist es zunächst sinnvoll, ein über das gesamte Unternehmen und alle Standorte einheitliches Schema für die Aufteilung Office / Produktion zu definieren und dann eine entsprechende Namenskonvention und Zuordnung für das AD und die DNS-Bereiche zu planen und umzusetzen.

Sind dann Netzsegmente bzw. IP-Ranges für die Produktion definiert, erfolgt für diese Produktions-Endgeräte und die Leitebene (SCADA-Netz) sowie für weitere Anlagen-Subnetze (z.B. für die ProfiNet-Systeme) eine entsprechende Einteilung. Hierbei gilt zu beachten, dass Anlagennetze zusätzlich oftmals horizontal segmentiert werden – siehe hierzu auch die IEC 62 433 und den vorhergehenden Standard ISA 99.

Vor dem Hintergrund der beschriebenen weitergehenden Segmentierung ist fraglich, wie umfangreich die maximale Reichweite des ADs in das Produktionsnetz hineinreichen soll. Eng verbunden mit dieser Frage ist die Erreichbarkeit der DCs und damit die Aufnahme der in den Segmenten angesiedelten Computer in das AD. Diese Aufnahme wird wesentlich von den Schutzmaßnahmen und deren Ausgestaltung beim Netz-Zonenübergang beeinflusst. Je nach Ausprägung der Anlagen-Subnetze und deren Beschaffenheit kann es technisch notwendig sein, einzelne Computer explizit aus der Einbindung in das AD auszuschließen, da der Aufwand für ihre Integration nicht durch den Mehrwert einer zentralen Verwaltung auszugleichen ist. Da die Anlagennetze zusätzlich Echtzeit-Anforderungen erfüllen müssen und sich in ihren Eigenschaften stärker von Office-Netzwerken unterscheiden, ist die Begrenzung der Reichweite des ADs auf die unterschiedlich gearteten Kopf-PCs eine angemessene Abgrenzung.

## 6.8 AD und IPv4

In vielen Produktionsnetzen gibt es aus historischen Gründen überlappende oder identische IP-Adressräume an mehreren Standorten und eine grundlegende Knappheit von offiziellen IPv4-Adressen. Die Nutzung von ***N****etwork* ***A****ddress* ***T****ranslation* (NAT) ermöglicht es, mehr IP-Geräte zu betreiben, als offizielle IPv4-Adressen verfügbar sind. Viele Produktionsnetzwerke sind deshalb schon heute von den Office-Netzen über NAT abgegrenzt, teilweise mit exakt identischer IP-Konfiguration für die Produktion oder einzelne Produktionssegmente sowie Anlagen. Es wurde beobachtet, dass Anlagenbauer ähnliche Anlagen typisch mit immer derselben festen IP-Adresskonfiguration versehen und dies beim parallelen Betrieb mehrerer Linien zu massiven Problemen führt.

Die eindeutige Zuordnung von IP-Adressen, Netzwerk-IDs und AD-Sitenamen für Service-Records ist mit diesen Dopplungen jedoch nicht möglich. Insbesondere, da die Unterstützung durch Microsoft bei Problemen im Zusammenhang mit Active Directory über NAT nur sehr beschränkt ist, sind die Grenzen der wirtschaftlich sinnhaften Anstrengungen zur Nutzung eines ADs schnell erreicht. Es bleibt zu empfehlen, auf den Einsatz des ADs in diesen Segmenten zu verzichten oder zunächst eine neue strategische Planung für die IP-Adressen auszuführen und umzusetzen.

**INTERNET**
Weitere Details siehe: «DCs and Network Address Translation» unter
http://blogs.technet.com/b/ad/archive/2009/04/22/dcs-and-network-address-translation.aspx
sowie zu «Support boundaries for Active Directory over NAT» unter
http://support.microsoft.com/kb/978772/en-us

## 6.9 AP und IPv6

Das prognostizierte starke Wachstum der Anzahl IP-basierter Geräte und Komponenten in der Produktion – bis hinunter zu Sensoren und Aktoren – verstärkt den Druck, der ohnehin durch den Mangel an IPv4-Adressen besteht. Diesem Mangel könnte durch die konsequente Verwendung von IPv6-Adressen begegnet werden. Auf Seite des ADs müssen hierfür lediglich den Siteobjekten zusätzlich IPv6-Subnetze zugeordnet werden. Es bleibt jedoch zu beachten, dass der parallele Betrieb von IPv4 und IPv6 den Einsatz von Gateways erfordert. Um eine solche parallele Nutzung zu vermeiden, sollte die gesamte Infrastruktur der Produktionsnetze IPv6-fähig sein.

Diese Anforderung wird derzeit nur von einem Bruchteil der Automatisierungs- und Anlagenlieferanten erfüllt, ist jedoch vor dem Hintergrund der erwarteten Nutzungsdauer von mehr als 20 Jahren von strategischer Bedeutung. Deshalb empfiehlt es sich, bereits künftige geplante Produktionsanlagen auf IPv6-Fähigkeit zu prüfen bzw. diese schon heute explizit als Auswahlkriterium zu hinterlegen, auch wenn noch kein aktiver Nutzen besteht.

## 6.10 Kerberos im AD

Einer der wichtigsten Dienste im AD ist Kerberos – ein Authentifizierungsdienst, der den direkten Zugriff auf angebundene Ressourcen des Nutzers ermöglicht. Zur Umsetzung des Dienstes sind verschiedene Komponenten notwendig, die über sogenannte Tickets kommunizieren: Client / User, Service / Server, Kerberos-Server sowie Ticket Granting Service. Um eine per Kerberos angebundene Anwendung (Service) nutzen zu können, benötigt der Anwender (Client) einen «Session Key». Zunächst erhält der Client jedoch im Rahmen seiner Anmeldung am AD ein ***T**icket* ***G**ranting* ***T**icket* (TGT), mit dem er wiederum am ***T**icket* ***G**ranting* ***S**ervice* (TGS) einen Session Key für den Service beantragen kann. Der Session Key wird dann verwendet, um mit dem gewünschten Service zu kommunizieren.

Weitere Einstellungen erfolgen über Group Policy Objects (GPOs) und Logon-Skripte bei der Anmeldung des Benutzers am AD. Die Details des Kerberos-Tickets und der Benutzer- und Computereinstellungen bestimmen dann die Zugriffsmöglichkeiten für den Benutzer, sowohl auf das Produktions-AD selbst als auch auf die angebundenen Services. Über Anpassungen der Details und Einstellungen sowie die Konfiguration der Tickets wird durch die gewählten AD- und Trust-Modelle Einfluss genommen.

**DEFINITION**

**Kerberos**: ein von Steve Miller und Clifford Neuman entwickelter verteilter Authentifizierungsdienst (Netzwerkprotokoll) für offene und unsichere Computernetze (wie zum Beispiel das Internet), basierend auf dem Needham-Schroeder-Protokoll zur Authentifizierung. Kerberos ist der Name des dreiköpfigen Höllenhundes aus der griechischen Mythologie, der den Eingang zur Unterwelt bewacht.

Es bleibt anzumerken, dass bereits mit Microsoft Windows Server 2012 eine neue Funktion namens «***K**erberos* ***C**onstrained* ***D**elegation*» (KCD) eingeführt hat, die sowohl «Cross-domain»- als auch «Cross-forest»-Authentisierungsszenarien ermöglicht (Bild 6.5).

Mit Windows Server 2012 wurde die Autorisierungsentscheidung zu den Ressourcen-Eignern delegiert. Insbesondere die Administration dieser Funktionen wurde erleichtert, denn man muss nicht länger «Domain Admin»-Privilegien für die Einrichtung der Kerberos Constrained Delegation vorweisen – es reicht völlig aus, administrative Privilegien für den Back-end-Service Account zu besitzen.

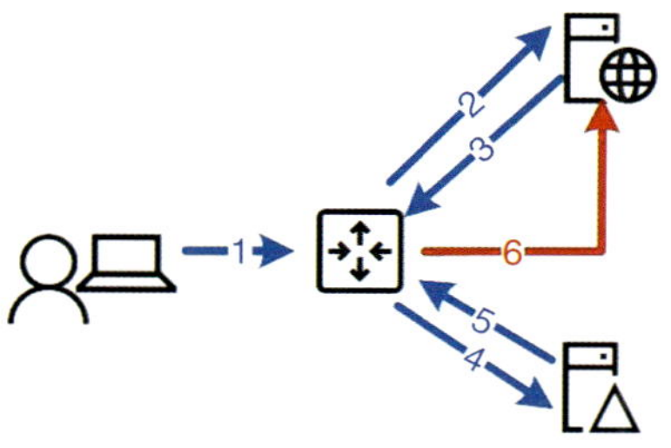


1. Non-Kerberos Authentisierung
2. Authentisierungs-Versuch
3. Kerberos-unterstützt!
4. Service Ticket Request
5. Service Ticket ausgestellt
6. Kerberos-Authentisierung

***Bild 6.5*** *Schematische Darstellung der Kerberos Constrained Delegation (KCD)*

# 6.11 Härtung und Monitoring

## 6.11.1 Härtung von AD-Servern

Um ein AD sicher betreiben zu können, bietet es sich an, dessen Funktionalität auf das absolut notwendige Minimum zu begrenzen. Die Microsoft-Server-Betriebssysteme ab Version 2008 sind bereits mit einem «Opt-in»-Rollenmodell installiert, das eine explizite Aktivierung der gewünschten Server-Rollen erfordert. Dies hat maßgeblich zur Reduktion der Angriffsfläche frisch installierter und noch nicht gehärteter Server geführt. Es empfiehlt sich jedoch weiterhin, vor der Inbetriebnahme eines AD-Servers einige Prüfungen durchzuführen, ob wirklich nur die notwendigen Komponenten und Dienste aktiv sind. Hierzu zählen unter anderem:

- Prüfung installierter, aktivierter und erreichbarer Services auf Bedarf,
- Deaktivierung aller nicht genutzten Dienste,
- Deinstallation nicht genutzter Anwendungen und Software Dritter,
- erneute Prüfung der erreichbaren Ports / Services.

## 6.11.2 Härtung des ADs und seiner Komponenten

Die Domain Controller eines ADs sind die zentralen Speicher für kritische Informationen über Assets und Benutzer und halten in ihren Datenbanken alle wichtigen Konfigurationsparameter vor. Durch einen privilegierten Zugriff auf das Active Directory können diese modifiziert, beschädigt oder gar zerstört werden. Die Domain Controller sind mithin als «gefährdete Systeme» eingestuft, die unbedingt separat und deutlich stringenter abgesichert sein sollten als die allgemeine Infrastruktur. Nach Möglichkeit ist die Anzahl der installierten Applikationen und Tools auf ein Minimum zu reduzieren, um die Angriffsfläche zu verkleinern. Unter Umständen kann es auch sinnvoll sein, eine weitere Sicherungsschicht durch den Einsatz von Applikations-Whitelisting hinzuzufügen (siehe Abschnitt 7.7.2). Dem entgegen steht jedoch die Forderung, gerade die DCs mit den jeweils aktuellen Versionen und Updates zu versorgen, um bekannte Schwachstellen so schnell wie möglich zu schließen.

Generell gilt, dass neuere Versionen des Windows-Server-Betriebssystems eher restriktivere und feingranulare Einstellungen ermöglichen als dies ältere Systemeerlauben. Dies setzt jedoch voraus, dass sich die gesamte Domäne – beziehungsweise alle Domain Controller – auf dem gleichen technischen Stand befinden, wie etwa Windows Server 2012 R2. Dieses AD lässt sich auf ein Windows 2012 R2 Functional Level heben – mit sowohl positiven als auch negativen Auswirkungen auf die ganze Domäne. Die Vorlagen (Templates) für bestimmte GPO-Einstellungen in den DCs umfassen neben Audit-Richtlinien auch solche Richtlinien, die die Kommunikation und Authentifizierung im Netzwerk betreffen. Hierbei ist kritisch zu betrachten, ob im AD auch Clients oder Server deutlich älterer Versionen eingebunden sind und ob diese überhaupt geeignet sind, bestimmte GPOs umzusetzen. Da im Produktionsumfeld typischerweise auch längst abgekündigte Windows-Versionen wie 95/98/ME, NT, 2000 und vor allem XP zu finden sind, müssen die empfohlenen GPO-Einstellungen für moderne DCs wegen der möglichen negativen Auswirkungen auf Alt-Systeme mit reduziertem Funktionsumfang unbedingt geprüft werden.

### 6.11.3 Monitoring und Überwachung des ADs

Da das AD selbst und insbesondere die Domain Controller eine wichtige Kernkomponente des Verwaltungsapparates für das Produktionsnetz darstellen, ist eine intensive Überwachung aller beteiligten Server und Komponenten sowie deren jeweiliger Zustände geboten. Neben einer Einbindung der Windows Server Logs als Quelle für ein zentrales ***S****ecurity* ***I****nformation &* ***E****vent* ***M****anagement* (SIEM) sollten spezielle Werkzeuge für die vereinfachte Systemüberwachung und das Management der Systeme in Betracht gezogen werden. Der von Microsoft selbst angebotene ***S****ystem* ***C****enter* ***C****onfiguration* ***M****anager* (SCCM) bietet bereits ein breites Spektrum an Werkzeugen, die die Administration weitgehend automatisieren und absichern helfen. Werden jedoch detaillierte Einblicke in die Berechtigungs- und Gruppenstrukturen eines ADs benötigt, haben sich Werkzeuge Dritter bewährt.

### 6.11.4 Administrative Zugriffe über PAM-Systeme

Ein Vorteil der Microsoft-AD-Berechtigungsverwaltung ist die Vielzahl der vordefinierten administrativen Rollen mit eng abgegrenzten Berechtigungen. Im Gegensatz zum allmächtigen «Root»-Konto auf Linux und Unix verfügt das AD bereits über dedizierte Rollen für Backup, Web, Datenbank und System sowie Enterprise Admins. Diese Rollen müssen lediglich den zuständigen Mitarbeitern zugeordnet werden, um eine grundlegende Nachvollziehbarkeit der Zugriffe zu gewährleisten. Da diese Zugriffe ohne weitere Werkzeuge direkt über die Arbeitsplätze der jeweiligen Administratoren erfolgen, können die DCs über diesen Weg angegriffen werden. Zwischen Vorkehrungen für die Arbeitsplätze der Admins und den DCs selbst sollte also kein Sicherheitsgefälle bestehen.

Idealerweise wird den Administratoren gar kein direkter Zugriff auf das AD gewährt, sondern es wird eine dedizierte Lösung für das ***P****rivileged* ***A****ccess* ***M****anagement* (PAM) zwischengeschaltet. Der Admin meldet sich dann mit seinem ganz normalen Benutzerkonto am PAM an und kann aus der PAM-Lösung heraus indirekt administrativen Zugriff auf die AD Server nehmen. Hierbei bieten sich insbesondere die umfassende Überwachung des Zugriffs bis hin zu einer Erfassung der Tastaturanschläge (*keylogging*) und einer Aufnahme der Bildschirminhalte (*Session Recording*) an (Bilder 6.6 und 6.7).

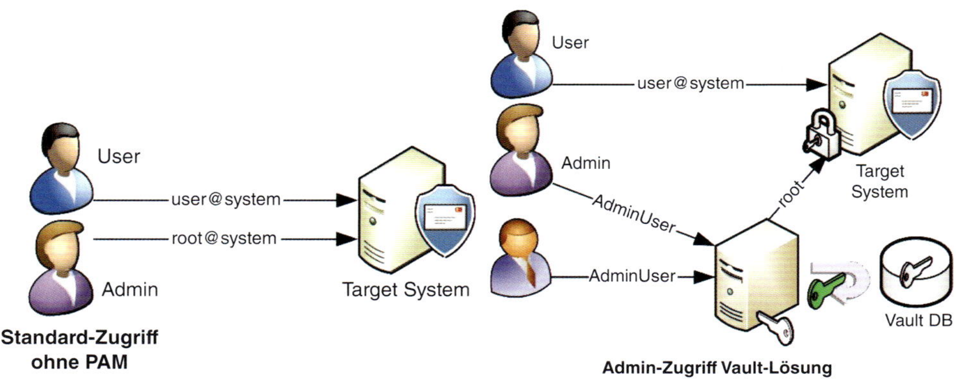


***Bild 6.6*** *Zugriff ohne PAM*

***Bild 6.7*** *Zugriff mit PAM-Vault-Lösung*

## 6.12 Administrations- und Betriebskonzept

Wie für jede Software und jede Infrastrukturkomponente muss auch für das AD ein kompetenter Betreiber gefunden werden, der ein sorgfältig ausgearbeitetes Administrationskonzept nutzt, um das AD sicher zu verwalten.

### 6.12.1 Domänen und Organisationseinheiten (OUs)

Jedes AD ist nach administrativen und betrieblichen Anforderungen zu strukturieren. Ziel ist es, innerhalb eines Forests die Domänen sowie innerhalb der Domänen selbst eine baumartige OU-Struktur entstehen zu lassen. Die Administration für diese OU-Strukturen und deren Unterstrukturen (*Scope*) ist an Rollen zu delegieren, die eigens zu diesem Zweck zu bilden sind. Die Zuweisungen von Privilegien und Berechtigungen zur Verwaltung von OUs dürfen hierbei nur an Gruppen – **nicht** an einzelnen Konten – vorgenommen werden. Nur so lässt sich Übersichtlichkeit gewährleisten und eine einfache Neu-Zuordnung oder Änderung vornehmen, ohne eine Vielzahl an Einzelberechtigungen zu verwalten. Um alle produktionsrelevanten Objekte aufzunehmen und eine klare Abgrenzung zu Standard-Domänen-Objekten zu erreichen, empfiehlt es sich, eine Top-Level-OU mit Namen wie «Domänen-Ressourcen» oder Ähnliches anzulegen. Die OU-Struktur darin sollte so flach wie möglich gehalten sein, wobei die Details immer von den konkreten Randbedingungen des Unternehmens abhängig sind.

Ein mögliches Stufenmodell für OU-Strukturen könnte wie folgt aussehen:

| | |
|---|---|
| 0. Domänen-Ressourcen | obligatorisch |
| 1. Mandant / Client | optional |
| 2. Department / Abteilung | obligatorisch |
| 3. Site-OU | (z.B. zur Emulation eines Hallennetzes), optional |
| 4. Object Type | (z.B. Desktop, Clients, Server), obligatorisch |
| 5. Object SubType | (z.B. Adaptionsstation), optional |

Diese vorgeschlagene OU-Struktur ist völlig unabhängig vom gewählten Forest-, Domänen- oder Trust-Modell und lässt sich bei Bedarf den jeweiligen Bedingungen anpassen.

**TIPP**
Nähere Informationen und Hinweise enthalten die einschlägigen Seiten des Microsoft Technet sowie die Guidelines zur Konfiguration des AD.

### 6.12.2 Rollen im AD

Auf Ebene des Forests und der Domänen sind von Microsoft bereits Rollen in Form von Standardgruppen implementiert. Aufgrund ihrer Aufgaben und dem definierten breiten Administrations-Scope verfügen einige dieser Rollen über höchste Privilegien und Berechtigungen, was zu Problemen bei der Abgrenzung und der Nachvollziehbarkeit von Handlungen führen kann – etwa wenn Administratoren die durchgeführten Änderungen durch Manipulation der Logs verschleiern. Die Mitgliedschaft in diesen hochprivilegierten Gruppen sollte daher lediglich auf den unbedingt notwendigen Zeitraum begrenzt sein und alle in diesem Kontext ausgeführten Aktivitäten einer strengen Kontrolle unterliegen. Nur persönlich zugeordnete und ausschließlich für die Administration vorgesehene Konten dürfen Mitglied dieser Gruppen sein. Des Weiteren wird empfohlen, für diese Konten eine Zweifaktor-Authentisierung verbindlich vorzuschreiben und die Verwendung von sicheren Administrationsarbeitsplätzen für diese Rollen verpflichtend festzulegen. Gemäß des Prinzips des «*Least Privilege*» sind weiteren Rollen nur die notwendigsten Privilegien und Berechtigungen zuzuordnen und diese zwingend auf den für die Aufgabe minimal benötigten Scope zu begrenzen.

### 6.12.3 Namenskonzept und Namensräume

Auch wenn die Objekte in einem AD zumeist technischer Natur sind, erleichtert ein einheitliches und sprechendes Namenskonzept die Übersichtlichkeit des ADs und sorgt für die Eindeutigkeit der darin enthaltenen Objekte. Das Namenskonzept stellt somit eine wichtige Voraussetzung für den möglichst sicheren und störungsfreien Betrieb der Infrastruktur dar. Der verwendete Name sollte jedoch einem möglichen externen Angreifer keine Rückschlüsse auf «lohnenswerte» Ziele geben. Das Namenskonzept sollte sich an den Best Practices von Microsoft orientieren, aber primär die Anforderungen des Unternehmens abbilden. In konkreten Projekten sind unweigerlich weitere Definitionen und Anpassungen auf der Grundlage der konkreten Ausgestaltung eines ADs für die Produktion erforderlich. Dies gilt insbesondere für die Benennung der OU-Struktur und der GPOs, die den Betreibern die tägliche Arbeit erleichtern sollen.

## 6.13 Administrationsmodell

Die langfristige Sicherheit eines ADs kann nur durch eine streng regulierte und überwachte Administration gewährleistet werden. Da ein Administrator mit seinen Rechten erheblichen Schaden anrichten kann, bilden die Rollen für administrative Konten zugleich eine Schwachstelle, die sowohl organisatorisch als auch technisch im Fokus stehen sollte. Über die Rollen lässt sich steuern, welche Personen die Administration von OU-Strukturen, die Administration des Forests, der Domäne sowie über- und nebengeordnete OU-Strukturen ausführen können, ohne sich gegenseitig zu beeinträchtigen. Eine Beeinträchtigung nebengeordneter OU-Strukturen muss aus Gründen der Betriebssicherheit ebenso durch Rollenbildung ausgeschlossen sein wie etwa Sicherheitsrisiken für das AD insgesamt.

Hierbei sind solche Objekte von Bedeutung, mit deren Hilfe der Zugriff auf Ressourcen oder Privilegien gewährt werden kann. Die Zugriffe auf Ressourcen werden dabei mittels sogenannter ***A**ccess-**C**ontrol-**L**isten* (ACLs) zugeordnet, während Privilegien mittels Richtlinien in GPOs jeweils für Security-Principles vergeben werden. Bei den Security Principles handelt es sich um spezielle Sicherheitsgruppen sowie um AD-Konten von Benutzern und Computern. Im Gegensatz hierzu stehen AD-Objekte mit lediglich informativem oder aufzählendem Charakter, wie etwa Kontakte und Verteilerlisten.

Deshalb dürfen die genannten AD-Objekte (z.B. Benutzer, Gruppen, GPOs) nur von übergeordneten Rollen anlegbar sein, die deren Scope und die grundlegenden Berechtigungen festlegen. Um eine Entlastung und Delegation zu ermöglichen, sollte die weitergehende Konfiguration der Objekte durch Administratoren auf OU-Ebene ausführbar sein. Hierzu ist ein detailliertes Administrationsmodell zu entwerfen und umzusetzen, das eine klare Abgrenzung der Aufgaben und Verantwortlichkeiten aufzeigt. Da die Zuweisung von ACLs zu Sicherheitsgruppen immer dem Besitzer einer Ressource obliegt, ergeben sich klassisch abgestufte Berechtigungsmodelle für die Administration. Ein zentraler Admin bzw. eine kleine Gruppe von Standort-Administratoren verwaltet dabei die grundlegende Infrastruktur des ADs und die zentralen OUs sowie die Einrichtung neuer OUs, während delegierte Administrationen für die Objekte innerhalb einer OU an deren jeweiligen Verantwortlichen übergeben wird.

Um Problemen bei der übergreifenden Administration zu entgehen und eine saubere und aktuell gehaltene Dokumentation zu erleichtern, ist die Implementierung eines Change-Managements als obligatorisch anzusehen. Gleiches gilt für das Administrationsmodell: Wird es als Untermenge des zentralen Zusammenarbeitsmodells betrachtet, lassen sich die bestehenden Anforderungen an Fähigkeiten und bereitstehende personelle Ressourcen anpassen. Die aus dem Administrationsmodell abgeleiteten Zuständigkeiten im Sinne der Zuständigkeit (*Responsible*) bzw. der Verantwortung (*Accountable*) gilt es in einer einfach gehaltenen Berechtigungsmatrix und einer RACI-Matrix (vgl. hierzu die ITIL-Prozesse) auszuarbeiten, abzustimmen und zu dokumentieren. Hinzukommt, dass beides für jede Implementierung neu zu erarbeiten ist, da diese jeweils stark von den individuellen örtlichen und organisatorischen Rahmenbedingungen beeinflusst sind.

**DEFINITION**

**RACI** bezeichnet eine Technik zur Analyse und Darstellung von Verantwortlichkeiten. Die **RACI-Matrix** wird auch RAM genannt (Responsibility Assignment Matrix).

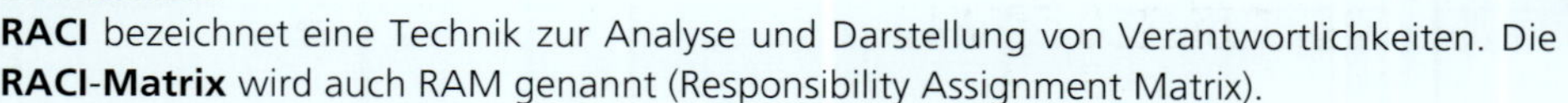

***Tabelle 6.1*** *Generisches Beispiel für eine Berechtigungsmatrix*

| OU | Berechtigung | User Mgmt. | Service Desk | Client Mgmt. | Server Betrieb | AD Service | IT Leitstand | Instandhaltung |
|---|---|---|---|---|---|---|---|---|
| Domäne/ Admin | Gruppe anlegen / löschen | | | | | | | |
| | Gruppe modifizieren | | | | | | | |
| | Gruppe Mitgliedschaft ändern | | | | | X | | |
| | Gruppe Move in / out | | | | | | | |
| Domäne/ OU2/ Sub-OU3 | Computer anlegen / löschen | | | X | | X | X | X |
| | Computer modifizieren | | | X | | X | X | X |
| | Computer Administrator | | | X | | X | X | X |
| | Computer Move in / out | | | X | | X | X | X |
| Domäne/ OU1/ Sub-OU2 | GPF-Gruppe anlegen / löschen | | | X | | X | | |
| | GPF-Gruppe modifizieren | | | X | | X | | |

***Tabelle 6.1*** *Generisches Beispiel für eine Berechtigungsmatrix – Fortsetzung*

| OU | Berechtigung | User Mgmt. | Service Desk | Client Mgmt. | Server Betrieb | AD Service | IT Leitstand | Instandhaltung |
|---|---|---|---|---|---|---|---|---|
| | GPF-Gruppe Mitgliedschaft ändern | | | X | | X | X | X |
| | GPF-Gruppe Move in / out | | | X | | X | | |
| Domäne/ OU3/ Sub-OU1 | User anlegen / löschen | X | | | | X | | |
| | User modifizieren | X | | | | X | | |
| | User Password Reset | X | X | | X | X | X | |
| | User Move in / out | X | | | | X | | |
| Domäne/ OU4/ Sub-OU4 | L-Gruppe anlegen / löschen | X | | | | X | | |
| | L-Gruppe modifizieren | X | | | | X | | |
| | L-Gruppe Mitgliedschaft ändern | X | | | X | X | | |
| | L-Gruppe Move in / out | X | | | | X | | |

## 6.14 Richtlinien und Group Policy Objects (GPOs)

Im AD lassen sich mittels Richtlinien (*Policies*) die Computereigenschaften und die Arbeitsumgebung von Benutzern auf den Computern konfigurieren. Einstellungen für Benutzer- und Computerobjekte eines ADs werden dabei zu Gruppenrichtlinienobjekten (***G****roup* ***P****olicy* ***O****bjects*, GPO) zusammengefasst, zentral gepflegt und kontrolliert ausgerollt, was im Gegensatz zu einzeln zu pflegenden, lokalen Policies erhebliche Vorteile birgt. Die Verwendung von GPOs ermöglicht eine flächendeckende Konsistenz: sowohl von Einstellungen, die für die Produktionssysteme relevant sind, als auch von Sicherheitseinstellungen für die Rechner im jeweiligen Scope. Anstatt manuell vor Ort an jedem PC einzeln Einstellungen vornehmen zu müssen (sogenannte Turnschuh-Administration), kann der Administrator eine Vielzahl von Rechnern zentral mit neuen Einstellungen versorgen.

Vor dem Hintergrund der oftmals erheblich überalterten Betriebssystem-Versionen in der Produktion sei zu erwähnen, dass GPOs sich nur auf Systeme ab Windows 2000 auswirken. Windows 3.11, Windows 95/98/ME sowie NT 3.5 und NT 4.0 sind somit von der zentralen Versorgung mit GPOs ausgenommen. Die Art und Anzahl der einzustellenden Richtlinien hängen zunächst stark von der Version des Betriebssystems ab. Viele Applikationen können mit zusätzlichen Richtlinien konfiguriert werden. Jede dieser Policies ist entsprechend ihrer Wirkung entweder dem User- oder dem Computerzweig einer GPO zugeordnet.

Generell gilt es die GPOs immer an einer zentralen Stelle einer jeden Domäne zu verwalten, um eine widerspruchsfreie Konfiguration zu garantieren. Erst durch Zuweisung (*Link*) auf die OUs oder Sites, in denen sich diese Objekte befinden, können GPOs ihre Wirkung auf bestimmte Computer- oder Benutzerobjekte entwickeln. Zusätzlich müssen den betroffenen Objekten die Rechte zugewiesen sein, die jeweilige GPO zu lesen und anzuwenden. Um dies zu erreichen, sollte für jede GPO eine Security-Gruppe vom Typ «GPO-Filter» (GPF) geschaffen werden, in die die betroffenen Objekte einzeln als Mitglieder aufzunehmen sind.

Die Zuweisung einer GPO erfolgt erst in dem Moment, in dem sich ein Computer oder ein Benutzer an der Domäne anmeldet. Erfolgt lange keine neue Anmeldung oder werden Rechner mit Maschinenkonten «*always on*» betrieben, so muss die Anwendung der GPOs manuell oder in vordefinierten zeitlichen Abständen durch die Ausführung des Befehls «*GPUpdate.exe /force*» erzwungen werden.

Je nach Anforderungen der Produktion ist die weitergehende Steuerung bei der Zuweisung und Anwendung von GPOs sehr flexibel gestaltbar. Da dies unter anderem im Kontext einer Vertrauensstellung, mittels Abarbeitungsreihenfolgen, abhängig von Prioritäten, Filtern, Loopbacks usw. erfolgt, entstehen durchaus sehr komplexe und extrem unübersichtliche Abhängigkeiten. Da zudem die Anmeldeprozesse im Betriebssystem durch eine zu hohe Zahl an GPOs nachteilig beeinflussbar sind, sollte die Verwendung von GPOs möglichst schlicht gehalten und im Kontext des Administrationsmodells stringent geregelt sein.

**INTERNET**

Weitere Informationen hierzu unter: «Group Policy Planning and Deployment Guide» http://technet.microsoft.com/en-US/library/cc754948.aspx
Weitere Informationen zum «Group Policy TechCenter» unter:
http://technet.microsoft.com/library/hh831791

Falls die Anzahl der GPOs negative Effekte auf die Systeme zeigt, gilt es applikationsnahe Einstellungen durch die Softwareverteilung vorzunehmen. Sehr viele Einstellungen lassen sich sowohl durch Richtlinien als auch mit den Funktionen einer Softwareverteilung vornehmen. Dies erzeugt eine sinnvolle und klare Abgrenzung der jeweiligen Wirkungsbereiche der Konfiguration durch GPOs.

## 6.15 Datensicherheit im Verzeichnisdienst

Sobald ein Verzeichnisdienst wie das AD seine Funktion als Infrastrukturkomponente ausspielt, wird es automatisch zu einem unverzichtbaren Teil der IT-Landschaft. Die Folge ist: Die Anforderungen an die Sicherheit der Datenobjekte im AD und die Verfügbarkeit der Objekte sowie der Infrastrukturdienste selbst steigen. Der folgende Abschnitt beleuchtet die Anforderungen an Redundanz und Verfügbarkeit des ADs und die zu beachtenden Eigenheiten bei Backup und Wiederherstellung der zentralen Dienste.

### 6.15.1 Domain Controller (DC) – Ausfallsicherheit und Redundanz

Jeder Domain Controller (DC) einer Domäne stellt den AD Directory Service bereit. Aus Gründen der Ausfallsicherheit sollten mindestens zwei DCs je Domäne vorhanden sein. Soll auch während der Wartung eines DCs der Service redundant verfügbar sein, sind entsprechend drei oder mehr DCs vorzusehen, die sich gegenseitig synchronisieren und replizieren. Für diese Replikation hält jeder DC Kopien der notwendigen AD-Datenbanken vor, die einen automatischen Abgleich zwischen den DCs einer Domäne über das Netzwerk vornehmen. Die AD-Objektinformationen sind daher ohne weitere Maßnahmen immer redundant vorhanden. Obwohl das AD grundsätzlich mit sogenannten Multimaster-Datenbanken betrieben wird, die eine Änderung eines Objektes unabhängig vom Ort der Ausführung der Änderung ermöglichen, erfordern einige spezielle Funktionen die Zuweisung von Funktions-Master-Rollen (FSMO) auf DCs. Konkret: In jeder Domäne sind drei Rollen zuzuweisen, in jedem Forest zwei weitere. Diese Rollen sind meist nur bei Änderungen am AD von Bedeutung und lassen sich auf andere DCs verschieben. Die Rolle des *__P__rimary-__D__omain-__C__ontroller*(PDC)-Emulators einer Domäne wird dabei am häufigsten benötigt, da sie für die Änderung von Kennwörtern erforderlich ist. Die FSMO des Global Catalogs sollte jedem DC zugewiesen werden, um einen reibungslosen Betrieb gewährleisten zu können.

**INTERNET**
Weitere Informationen zum Funktionsmaster unter http://support.microsoft.com/kb/223346/de

## 6.15.2 Physische oder virtuelle Domain Controller

Jeder DC ist Speicherort der AD-Datenbanken, so dass mittels privilegiertem Zugriff das AD modifiziert, beschädigt oder zerstört werden kann. Es ist deshalb erforderlich, die DCs separat und deutlich stringenter abzusichern als die allgemeine Infrastruktur. Insbesondere sind privilegierte administrative und vor allem physische Zugriffe auf die DC-Systeme streng zu begrenzen und detailliert zu protokollieren.

Ein DC lässt sich sowohl auf einer dedizierten Hardware als auch als virtueller Server auf Microsoft HyperV oder VMware ESX als Plattform betreiben. Der Vorteil liegt hierbei klar auf der Hand: Der physische Zugriff ist sehr gut kontrollierbar und protokollierbar. Bei virtuellen DCs müssen sowohl Kontrolle als auch Protokollierung des (nun rein logischen) Zugriffs auf die im Virtualisierungshost angebotenen Verfahren abgewälzt werden. Wichtig ist es, diese um organisatorische Regelungen für die Gewaltenteilung (etwa BackUp Admin vs. vHost Admin) zu ergänzen. Zusätzlich sollte die virtuelle Harddisk (die *.vhd-Datei des DC-Servers) auf den SAN- bzw. NAS-Speichern speziell gesichert sein, da sonst der Admin der Virtualisierungslösung oder der Admin der Speichersysteme direkten Zugriff auf das Filesystem des DCs erhält. Die verschiedenen Schichten des Betriebs einer virtuellen Infrastruktur stellen durchaus das Administrations-, Überwachungs- und Sicherheitskonzept eines ADs grundlegend infrage. Trotz der erheblichen Vorteile einer virtuellen AD-Umgebung, insbesondere hinsichtlich Backup per Snapshots und einfacher Umsetzung höchster Verfügbarkeit, ist die Verwendung von virtuellen DCs nur dann in Betracht zu ziehen, wenn die physische Sicherheit der verwendeten Hardware und die unbedingte Vertrauenswürdigkeit der Betreiber gewährleistet sind.

**INTERNET**
Weitere Details hierzu siehe: «Best Practice for Securing Active Directory» ab S. 75 unter: http://www.microsoft.com/en-us/download/details.aspx?id=16755

### 6.15.3 Backup und Recovery des ADs

Die automatische Replikation der AD-Datenbanken ist ein Garant für die Verfügbarkeit der AD-Daten und vereinfacht mögliche Recovery-Szenarien drastisch. Im Fall eines defekten DCs muss lediglich ein DC-Server neu aufgesetzt und in das AD eingebunden werden. Die Replikation ermöglicht im Folgenden einen automatischen Abgleich des neu hinzugefügten DCs auf den aktuellen Stand der AD-Inhalte. Im Rahmen einer konventionellen Datensicherung wäre eine solche Wiederherstellung nicht ohne Datenverlust oder Integritätsverlust möglich.

Die Replikation allein schützt jedoch nicht vor Inkonsistenzen, Verfälschungen, Zerstörungen oder anders gearteten Verlusten von AD-Inhalten. Insbesondere das unbeabsichtigte Löschen von OUs mit allen Inhalten kann aufgrund dessen – abhängig vom Funktionslevel des Forests – durch Wiederherstellung von bestimmten Objekten aus einem AD-Papierkorb möglich sein. Treten massive Probleme auf, hilft als ultima ratio nur die Wiederherstellung mittels eines «authorative restore» aus einer Datensicherung, die die seit dem Backup ausgeführten Änderungen und damit die entstandenen Inkonsistenzen überschreibt. Es bleibt anzumerken, dass hierbei erhebliche Verluste im Sinne von *__R__ecovery __P__oint __O__bjective* (RPO) und *__R__ecovery __T__ime __O__bjective* (RTO) hinzunehmen sind. Sowohl Wiederherstellzeit als auch Verlust an verworfenen Datenänderungen können massiv sein.

Für einfache Anforderungen hat es sich bewährt, die Sicherung des ADs mit den von Microsoft mitgelieferten Mitteln auf ein Netz- oder SAN-Laufwerk durchzuführen und danach das sogenannte «*Saveset*» mit einem Backup-Tool seiner Wahl als Datei zu sichern. Dies sichert den vollen Support des Herstellers und ermöglicht gleichzeitig die Verwendung der lokalen Backup-Lösung.

**GRUNDSATZ**

Die Sicherungen selbst sind so zu verwahren, dass nur berechtigte Personen Zugriff auf die Backups erhalten und diese an speziell abgesicherten Orten (etwa Stahlschrank oder Schließfach bzw. abgesicherter SAN-Bereich) zu lagern sind.

Im Recovery-Fall lässt sich die AD-Datenbank aus dem Saveset auf den DC mounten, um für partielle Wiederherstellungen nutzbar zu sein. Eine Reihe von Tools wie etwa der «*Recovery Manager for AD*» von Quest kann die Wiederherstellung in diesen Szenarien erleichtern.

Ein besonders schwerwiegender Grund für die komplette Wiederherstellung eines ADs ist die bestätigte oder vermutete Kompromittierung eines ADs. Eine Unterwanderung wird jedoch meist erst nach geraumer Zeit entdeckt, so dass zum Zeitpunkt der Entdeckung kaum noch nachvollziehbar ist, wann genau das AD kompromittiert wurde. Es muss davon ausgegangen werden, dass die jüngste vertrauenswürdige Datensicherung als extrem veraltet gilt, was den Aufwand der Nachpflege aller Änderungen seit dem Backup nach dem autoritativen Restore erheblich steigert. Dabei sind zudem Seiteneffekte zu berücksichtigen, die durch die teilweise tiefe Integration von Applikationen in das AD oder durch die Anbindung an andere vertraute ADs entstehen können. Um dieser unangenehmen Situation entgegentreten zu können, benötigt der Betreiber des ADs professionelle Unterstützung bei der Ausarbeitung und Umsetzung einer passenden Recovery-Strategie.

**INTERNET**

Weitere Details siehe: «Planning for Active Directory Forest Recovery» unter

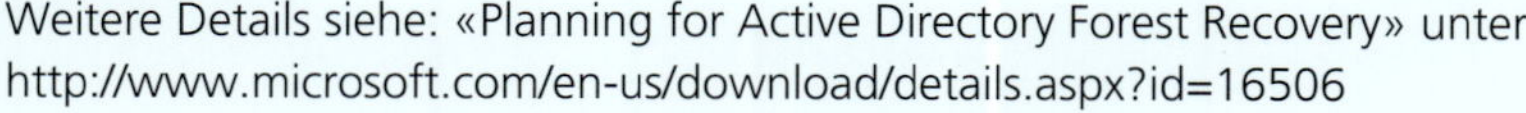

http://www.microsoft.com/en-us/download/details.aspx?id=16506

## 6.16 Lizenz-Aktivierung durch Key Management Server (KMS)

Eine der umstrittensten Technologien im Zusammenhang mit dem AD stellen die KMS-Server dar, die von Microsoft zur Aktivierung von Volumenlizenzen innerhalb der Organisation genutzt werden. Jede per Volumenlizenzschlüssel installierte Microsoft-Software im Abdeckungsbereich des ADs muss aktiviert sein, was zentral durch Kontaktierung des KMS erfolgt. Der KMS verwaltet die Lizenzen intern. Da diese Aktivierungen in zeitlichen Abständen und bei Änderungen an der Hardware wiederholt werden müssen, ist die Erreichbarkeit eines KMS zwingende Voraussetzung für die Verfügbarkeit bestimmter Software. Die einzige Alternative ist eine manuelle und aufwendige Aktivierung per Telefon, daher sollte in jedem AD für die Produktion die Einrichtung von KMS-Servern vorgesehen sein.

# 7 Sicherheit von Anwendungen

## 7.1 Einführung

Um die IT-Sicherheit der Fertigungsanlagen und in der Produktion zu gewährleisten, sollte jedwede zum Einsatz kommende Software grundsätzliche Basisanforderungen an die IT-Sicherheit erfüllen. Um die Erfüllung dieser speziellen Anforderungen sicherzustellen, eignet sich am besten bereits das Software-Auswahlverfahren. Für Software im Bestand gilt es im Rahmen der nächstmöglichen Vertragsverhandlungen mit dem Software-Hersteller die im weiteren Verlauf dieses Dokuments spezifizierten erforderlichen Nachweise einzuholen.

Im Bereich der Produktion liegt die Priorität der Sicherheit am Schutzziel Verfügbarkeit – darauf folgen zumeist Integrität und Nachweisbarkeit und erst dann die Vertraulichkeit. Dementsprechend ist die Erkennung von ungewollten oder gar bösartigen Handlungen – und nicht deren sofortige Vermeidung – wichtig.

Daraus ergibt sich, dass einige im Umfeld der Office IT eingesetzte Strategien in der Produktion – hinsichtlich der gesetzten Prioritäten – unzulänglich sind. Ein Beispiel ist der Austausch eines Gerätes mit folgender Veränderung der MAC-Adresse des angeschlossenen Netzwerkadapters. Die Strategie der Office IT, ein solches Gerät schon auf Ebene 2 (MAC) über sogenannte Network Admission Control zu identifizieren und ggf. zu blocken, wäre durch die entstehenden Ausfallzeiten der Produktionsanlagen nicht annehmbar. Folglich muss hier mit anderen Prioritäten und Policies gearbeitet werden, etwa einer Aktivierung des Gerätes bei gleichzeitiger Warnmeldung an den Leitstand, der den Austausch binnen Meldefrist bestätigen muss. Bleibt die Bestätigung aus, wird das Gerät automatisch in Quarantäne gebracht und eine Eskalation an das Sicherheitsteam vorgenommen. Im Sinne einer Automatisierung und besseren Absicherung sollte zukünftig auf flächendeckende Anwendbarkeit von 802.1x mit Geräte-Zertifikaten hingearbeitet werden. Leider unterstützen bisher nur wenige SPS und Steuergeräte diese Funktion ab Werk und es bleibt anzumerken, dass nur mit Hilfe eines lückenlosen Schlüssel- und Zertifikate-Managements (CLM: ***C****ertificate* ***L****ifecycle* ***M****anagement*, oder EKM: ***E****nterprise* ***K****ey* ***M****anagement*) eine sichere Umgebung mit hoher Verfügbarkeit realisiert werden kann. Da diese Lösungen erst in der zweiten Hälfte des Jahrzehnts in der Office IT Aufmerksamkeit erlangt haben, blieb deren Relevanz für die Industrial IT bislang wenig beachtet. Kapitel 6 nimmt diesen Bedarf auf und erläutert Rahmenbedingungen und Abhängigkeiten.

## 7.2 Risikobewertung für Industrial-IT-Anwendungen

Grundlage für die Auswahl, Auslegung, Planung und den Betrieb von Applikationen bildet die Klassifizierung der verarbeiteten Daten analog zur Office IT. Wie bereits beschrieben, ist die Priorisierung der Schutzziele in der Produktion Verfügbarkeit, Integrität, Nachweisbarkeit und Vertraulichkeit. Dies allein ist Anlass genug, die bekannten Bewertungsmodelle einer erneuten Analyse und Prüfung zu unterziehen. Hierbei erfolgt die Bewertung der Schutzziele über erprobte Methoden und Hilfsmittel:

Die Einstufung der Anwendung bezüglich der Anforderungen an ihre Verfügbarkeit ist Ergebnis einer ***B****usiness-***I****mpact-***A****nalyse* (BIA), die üblicherweise im Rahmen eines IT-***S****ervice&***C****ontinuity-***M****anagements* (SCM) erfolgt. Sollten bislang keine Informationen über die Verfügbarkeitsanforderungen vorliegen, so ist es zwingend erforderlich, diese Einstufung nach Absprache mit den jeweiligen Spezialisten durchzuführen. Als ersten Anhaltspunkt für eine Einstufung kann man die Relevanz der Anwendung für den Produktionsprozess bzw. dessen einzelne Schritte heranziehen. Wird die Anwendung in einer Vielzahl an Produktionsschritten benötigt oder stellt die Anwendung für den Produktionsprozess zwingend erforderliche Informationen bereit, ist die Anforderung an die Verfügbarkeit besonders hoch. Werden nur gelegentlich Informationen manuell ausgelesen oder zu wenigen Zeitpunkten im Produktionsprozess Informationen hinterlegt, so lässt sich gegebenenfalls über Puffermechanismen die Anforderung an die Verfügbarkeit erheblich senken.

Die Vertraulichkeit richtet sich nach der Einstufung der am höchsten klassifizierten Datentypen, die durch die Anwendung verarbeitet, gespeichert oder verwendet werden. Auch hier gilt es darauf zu achten, dass die im Unternehmen bereits vorhandenen Klassifikationsschemata auch in diesem Bereich zur Anwendung kommen. Dies erleichtert die Adaption der Einstufung und zugleich sichert es die Konsistenz über die verschiedenen Bereiche des Unternehmens. Da die Unternehmensdaten im betriebswirtschaftlichen Bereich stark von der Art und Form der Daten in der Produktion abweichen können, ist es erforderlich, eine nähere Analyse der genutzten Daten durchzuführen. Dies können z.B. dienstliche Identifikationsdaten oder Einzelteil-Stücklisten sein. Sofern die Daten noch nicht durch den Datenschutz oder eine vergleichbare Instanz im Unternehmen klassifiziert wurden, sind Konzern-Datenschutz- und IT-Sicherheitsbeauftragte zur Ermittlung der erforderlichen Klassifizierung als Unterstützung hinzuzuziehen. Um in diesem Kontext unnötigen Mehraufwand zu vermeiden, erweist es sich als vorteilhaft zu prüfen, ob die zu beurteilenden Daten gegebenenfalls bereits mit klassifizierten Informationstypen vergleichbar sind oder entsprechende Eintragungen in einem etwa vorhandenen Informationstypen-Klassifizierungskatalog veröffentlicht wurden.

Eine Klassifizierung der Schutzziele Nachvollziehbarkeit und Integrität lässt sich indirekt aus den Klassifizierungen bezüglich der Vertraulichkeit und der Verfügbarkeit ableiten. Sollten besondere Anforderungen – etwa an Testdaten – vorhanden sein, ziehen diese gegebenenfalls eine andere Einstufung der Integrität und Nachvollziehbarkeit nach sich.

Aus der Gesamtheit der Bewertungen leiten sich Architekturvorgaben und IT-Sicherheitsmaßnahmen gemäß geltender (oder zu erstellender) Unternehmensrichtlinien ab. Bei Bedarf werden weitere Maßnahmen ergänzt oder bestehende Maßnahmen erweitert. Im Idealfall kann man sich auf existierende Vorgaben, etwa für die Verarbeitung von als «vertraulich» eingestuften Daten, berufen, die beispielsweise eine starke (Zwei-Faktor-) Authentifizierung einfordern, um die Übertragung der Daten zu verschlüsseln. Der betroffene Fachbereich bestätigt die Einstufung und die Feststellung der erforderlichen Maßnahmen. Sobald diese im Auftrag des Fachbereichs durch die jeweils zuständige Einheit umgesetzt wurden, sollte letztendlich eine Freigabe durch die verantwortliche Fachkraft für IT-Sicherheit in der Produktion erfolgen. Eine vorläufige Freigabe unter Auflagen ist in diesem Zusammenhang sowohl praktisch als auch im Sinne der Prioritäten zielführend.

Für eine bessere Abdeckung der Produktions-IT gilt es die bestehenden Handlungsanweisungen künftig anzupassen. Dennoch ist es wesentlich, dass diese in ihren Grundzügen bereits jetzt eine Entscheidungshilfe bieten. Bei einer erneuten Bewertung sollte sich an den Feststellungen bezüglich des Schutzbedarfs ebenso wenig ändern wie an den gemäß den Richtlinien umzusetzenden Maßnahmen. Jedoch ist es denkbar, dass die Umsetzung der Maßnahmen anders priorisiert wird. Bei der Durchführung des Impact- und Risiko-Assessments steht primär die Transparenz von bestehenden Risiken aufgrund der vorgenommenen Klassifizierung von Schutzzielen und Feststellung von möglichen Maßnahmen zur Behebung oder Abschwächung im Vordergrund. Ein bewusstes und begründetes Eingehen von Risiken aufgrund von nicht oder nur teilweise umgesetzten Maßnahmen muss in der IT der Produktion möglich sein. Dies wird schon durch die teilweise starken Einschränkungen erforderlich, die die Lieferanten von Produktionsanlagen und der eingebundenen IT den Betreibern auferlegen.

## 7.3 Software-Auswahlverfahren

**DEFINITION**
Unabhängig davon, ob die im Produktionsumfeld eingesetzte Software und Firmware geliefert (Kauf-Software / Kauf-Firmware) oder selbst erzeugt wurde (Eigenentwicklung), wird diese im Rahmen dieses Dokumentes als «**Applikation**» bezeichnet. Die beschriebenen Maßnahmen sind nicht für diese Applikationen anwendbar, sollten jedoch auf ihre Anwendbarkeit im Einzelfall geprüft werden.

Die Auswahl der einzusetzenden Software ist grundsätzlich im Rahmen eines standardisierten Software-Auswahlprozesses durchzuführen. Hier wird empfohlen, sich sowohl im Einkauf als auch in der IT nach entsprechenden Vorgaben und Standardanforderungen zu erkundigen, bevor diese komplett neu erstellt werden. Darüber hinaus sind die in diesem Dokument aufgeführten Ausführungen aus IT-Sicherheitssicht zu beachten. Es empfiehlt sich, aus eigenen Erkenntnissen der vergangenen Projekte und aus Best Practices (etwa aus den Verbänden) einen gemeinsamen Anforderungskatalog zu definieren, der eine Art Basis der Leitlinie für die Beschaffung stellt (siehe blauer Bereich in Bild 7.1). Im Rahmen der operativen Einkaufsplanung können die funktionalen Anforderungen der Software dann mit den eher generischen Anforderungen der Leitlinie abgestimmt werden, so dass ein für das Beschaffungsvorhaben individueller Katalog an Security-Anforderungen definiert werden kann (siehe grauer Bereich in Bild 7.1).

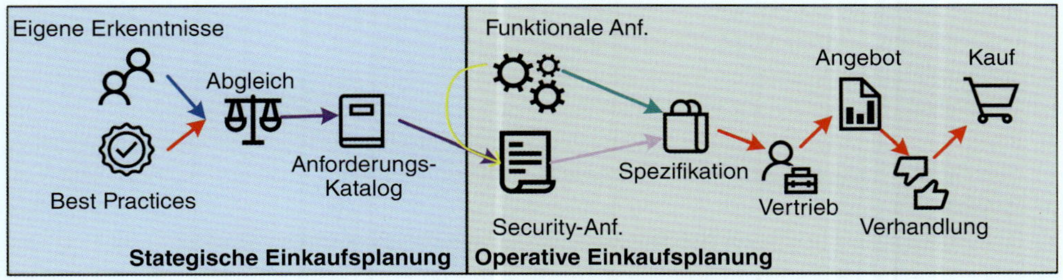


***Bild 7.1*** *Strategische und operative Einkaufsplanung*

Im Rahmen des Software-Auswahlprozesses hat der Software-Hersteller Nachweise über die sichere Entwicklung, die sichere Integration, den sicheren Betrieb / Wartung sowie die Dokumentation der Software zu erbringen. Hier ist es sinnvoll, Lieferanten in Anlehnung an die IT-AGBs der Office IT «Beschaffung» in die Pflicht zu nehmen.

Ohne die Erbringung der nachfolgenden Nachweise durch den Software-Hersteller ist eine Inbetriebnahme der Software nicht empfehlenswert.

### Deliverables des Software-Herstellers

Der Software-Hersteller hat im Rahmen des Software-Auswahl-Prozesses folgende Deliverables / Nachweise zu erbringen:

- interne Richtlinie zu ***S****ecure Software* ***D****evelopment* ***L****ifecycle* (SDL),
- Nachweis der Mitarbeiter-Kompetenz (Schulungen, Zertifikate),

- Test-Strategie für das Produkt,
- beispielhafte Test-Reports und Testfälle für die aktuelle Version der SW:
  - ***F**actory **A**cceptance **T**est* (FAT),
  - ***U**ser **A**cceptance **T**est* (UAT, ggf. anonymisiert);
- wünschenswert sind Nachweise zu alternativen Testmethoden wie Fuzzing oder automatisierte Source-Code-Analysen, die eine Aufdeckung von typischen Fehlern wie Buffer Overflow, Stack Overflow o.Ä. ermöglichen;
- Nachweise zur Durchführung einer «Input Sanitization» bzw. einer «Data Validation» in Eingabefeldern und automatisierte (WebService-, XML-, REST-, JSON-) Schnittstellen sind verpflichtend;
- Nachweis über die Einhaltung des «Least Privilege»-Konzepts und Ausführbarkeit im Kontext eines AD-Kontos,
- Nachweis über die Integration eines Reife-Modells (*Maturity Model*) im Rahmen des Software-Entwicklungsprozesses,
- unterzeichnete Geheimhaltungsvereinbarung (***N**on-**d**isclosure **A**greement*, NDA),
- Nachweis über die Zertifizierung des Software-Herstellers gemäß IT-Grundschutz oder ISO 27 000 durch Vorlage des entsprechenden Zertifikats,
- Benennung eines während der normalen Bürozeiten verfügbaren persönlichen Ansprechpartners für IT-Sicherheitsfragen bezüglich der Software,
- Erklärung des Software-Herstellers, dass Sicherheitsvorfälle mit Bezug auf die angebotene SW unverzüglich an den festgelegten internen Ansprechpartner des Auftraggebers bekanntgegeben werden,
- Erklärung des Software-Herstellers, dass die Nutzung von Outsourcing oder externen Cloud-Diensten mit Bezug auf die angebotene SW ausschließlich mit der expliziten schriftlichen Erlaubnis des Auftraggebers erfolgen darf,
- Erklärung des Software-Herstellers, dass vertrauliche Daten mit Bezug auf die angebotene SW ausschließlich verschlüsselt übertragen und gespeichert werden,
- Right to Audit: Einverständnis-Erklärung des Software-Herstellers, dass der Auftraggeber berechtigt ist, die Einhaltung der Sicherheitsvorgaben zu prüfen bzw. durch Dritte prüfen zu lassen,
- Dokumentation über die in der Software zur Anwendung kommenden Verschlüsselungsverfahren und die Herkunft des Schlüsselmaterials sowie deren Speicherorte (zur Einbindung in ein EKM- oder CLM-System).

Sollte der Anbieter die vorgenannten Informationen nicht beistellen können oder wollen, so sollte zumindest erwogen werden, eine andere Lösung mit entsprechender Dokumentation zu erwerben. Kann sich der Anbieter aufgrund funktionaler Vorteile stark absetzen, so sollten die fehlenden Unterlagen als Mittel zur Verhandlung an den Einkauf gegeben werden. Dies trägt umgekehrt dazu bei, dass die Anbieter der Lösungen gute Sicherheitsmerkmale und Funktionen als Mehrwert erkennen und dies von Anfang an in ihre Produkte einfließen lassen (sogenannter «*market pull*»).

Im schlimmsten anzunehmenden Fall einer bereits im Bestand befindlichen Software ohne jegliche Dokumentation oder Erfüllung der genannten Anforderungen ist über eine Abkündigung des Vertrags und eine neue Ausschreibung der Lösung nachzudenken. Auch hier wird deutlich, dass die im Maschinen- und Anlagenbau lange vorherrschende Einstufung der Informationstechnologie als «notwendiges Übel» überholt ist und die Anbieter sich durch solide Positionierung ihrer Softwaremodule und IT-Systeme einen Wettbewerbsvorteil verschaffen können. Diesen

Trend sollten die Betreiber durch explizite Bevorzugung solch innovativer Anbieter stützen, da die positive Auswirkung auf die ***T**otal **C**ost of **O**wnership* (TCO) solcher Lösungen eine schnellere Amortisierung der Investition verspricht.

## 7.4 Kryptografie im Rahmen der Software-Akquise

Eine Offenlegung der verwendeten Algorithmen und Schlüssellängen sowie die Bekanntgabe der vom Software-Hersteller verwendeten Bibliotheken sind unerlässlich. Es gilt zu unterbinden, dass der Anbieter der Software seine Sicherheit lediglich auf Basis sogenannter «*Security by Obscurity*» entwickelt. So sollte der Hersteller beispielsweise vorab eine entsprechende Risikoanalyse der Software durchführen und entsprechend der Ergebnisse schwache Protokolle oder gefährdete Datentransfers angemessen mit Kryptografie absichern und dies angemessen dokumentieren. Änderungen der Verschlüsselungsalgorithmen, Schlüssellängen, verwendeten Bibliotheken sind im Rahmen des Change- und Update-Managements mitzuteilen bzw. zwingend offenzulegen.

## 7.5 Aspekte der sicheren Software-Entwicklung

Neben der Einhaltung der Pflichtanforderungen an ein durchgängiges Qualitäts- und Testmanagement bei der Entwicklung der Software – sowie dessen Dokumentation durch Offenlegung der Testfälle, Testreports und der Pflege der Release Notes zu jedem Update – ist es von immanenter Bedeutung, die Software nach den Vorgaben des Secure Software Development Lifecycle (SDL) oder vergleichbarer Verfahren zu entwickeln. Die Prozesse der Software-Entwicklung sollten einem CMMI (***C**apability **M**aturity **M**odel **I**ntegration*) folgen (Bild 7.2). Der Nachweis für die Verwendung eines Reifegradmodells kann durch ein externes Audit bestätigt werden.

**DEFINITION**
**CMMI**: Reifemodell für Prozesse, wie z.B. SCRUM

### 7.5.1 Funktionstrennung (Segregation of Duties, SoD)

Im Rahmen einer sicheren Software-Entwicklung darf weder die Nutzung noch der Betrieb der Software im Kontext eines höher privilegierten Benutzers (*admin*, *system*, *root* usw.) erfolgen. Insbesondere durch die Einführung des User Account Control bei Windows Vista, 7 und 8 kann heute ein Großteil der für Windows XP entwickelten Anwendungen nicht mehr laufen, da diese «System»- oder «Administrator»-Kontext erfordern. Die Lösung muss auf die Nutzung minimaler Privilegien ausgelegt und auch im Kontext eines über das Active Directory verwalteten Benutzerkontos ausführbar sein.

### 7.5.2 Secure Software Development Lifecycle (SDL)

Die Ausrichtung der internen Software-Entwicklung nach SDL (Bild 7.3) oder einem SDL-angelehnten eigenen Rahmenwerk zur sicheren Software-Entwicklung ist durch entsprechende Dokumentation und Vorlage der internen Richtlinien nachzuweisen. Wünschenswert ist zudem der

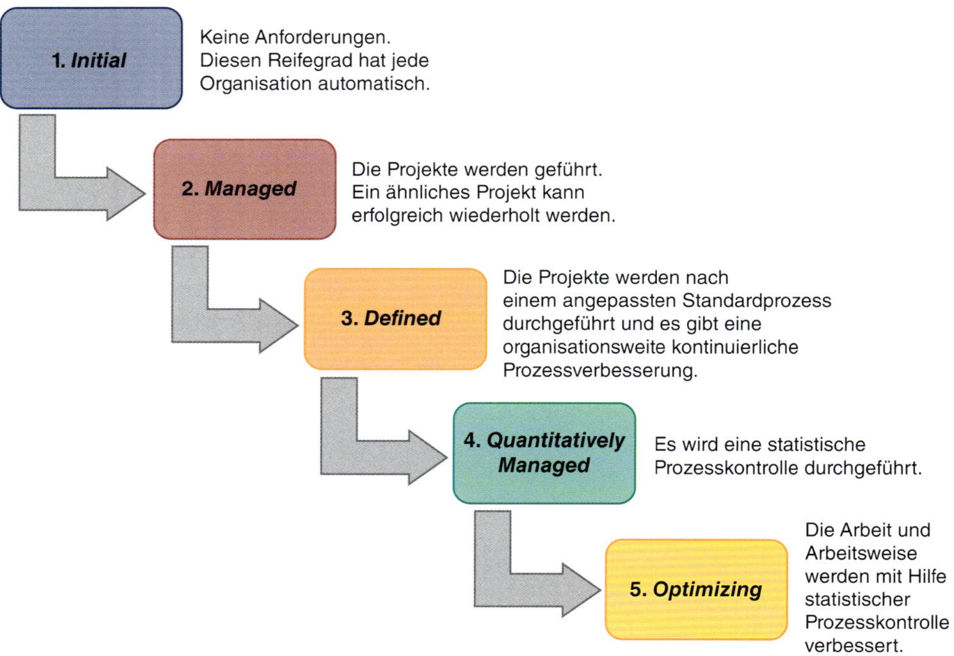


***Bild 7.2*** *Das CMMI in seinen Reifegraden*

Nachweis, dass die Entwickler auf Methoden der sicheren Software-Entwicklung geschult oder zertifiziert sind. Da das Wissen um sichere SW-Entwicklung sehr schnell altert, dürfen die Nachweise nicht älter als 24 Monate sein. Sichere Software-Entwicklung kann auf mehreren Wegen erfolgen. Hierbei gilt es auf bereits etablierte Grundsätze zur sicheren Software-Entwicklung zurückzugreifen. Die folgenden Grundsätze sollten vom Software-Hersteller auf jeden Fall eingehalten werden. Weitere Informationen zum SDL gibt es unter anderem bei Microsoft sowie für Entwickler und zur einfacheren Einführung von SDL:

**INTERNET**

Download des Microsoft SDL – Developer Starter Kit:
http://www.microsoft.com/en-us/download/details.aspx?id=4645&6B49FDFB-8E5B-4B07-BC31-15695C5A2143=1
Download für Entwickler unter «Essential Software Security Training for the Microsoft SDL»:
http://www.microsoft.com/en-us/download/details.aspx?id=9950
Zur vereinfachten Einführung «Simplified Implementation of the Microsoft SDL» unter
http://www.microsoft.com/en-us/download/details.aspx?id=12379

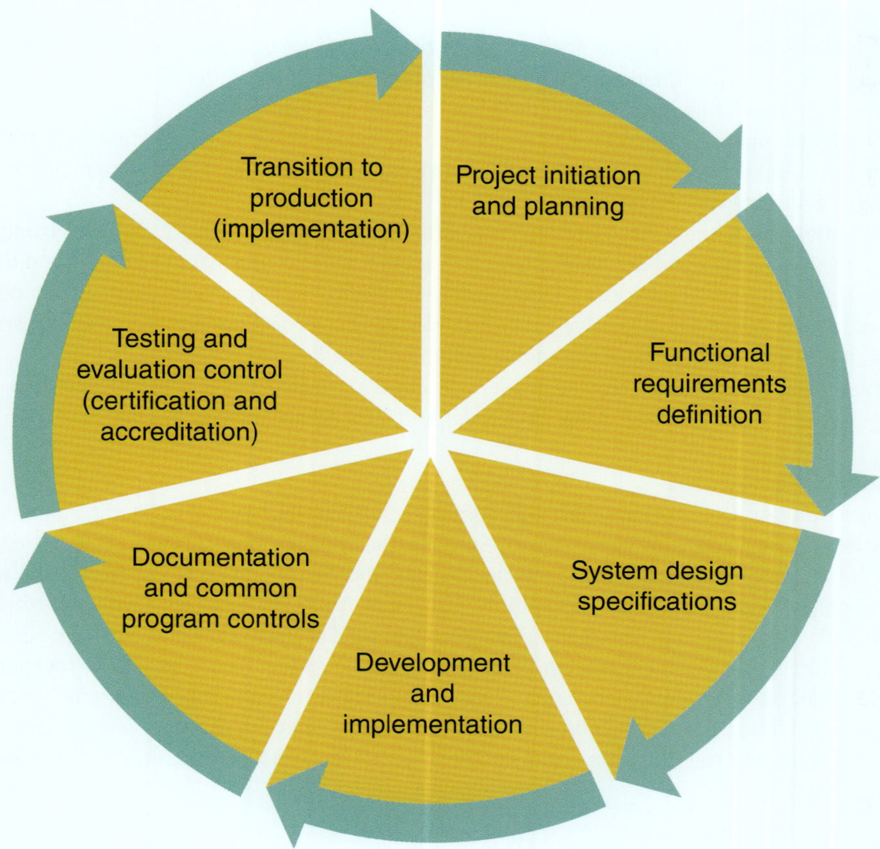


***Bild 7.3*** *Der Software Development Lifecycle nach Microsoft*

**Security by Design**

Die Sicherheit muss bereits in der Design-Phase betrachtet und implementiert werden. Dazu gehören u.a.:

- Fehlertoleranz (z.B. gegenüber Netzwerk-Latenzen),
- Data-Input-Validation (z.B. zur Vermeidung von SQL Injections oder Buffer Overrun),
- Data-Output-Validation (z.B. durch Plausibilitätskontrollen),
- Sanity-Tests (Plausibilitätskontrollen: Liegt die Eingabe im erwarteten Bereich?),
- Authentisierungsmechanismen (z.B. 2-Faktor, Multi-Faktor),
- Autorisierungsmechanismen (z.B. Unterstützung von Workflow-basierten Provisionierungs- und Deprovisionierungs-Funktionalitäten),
- Zugriffskontrolle (z.B. Verwaltung von Benutzerdaten mit Passwortschutz),
- Credentials dürfen niemals hartcodiert werden,
- Credentials dürfen niemals unverschlüsselt (*plain text*) im Arbeitsspeicher oder Dateien abgelegt werden.

**Security by Default**

Der Annahme folgend, dass jede noch so sorgfältig entwickelte und getestete Software Sicherheitslücken und Verwundbarkeiten aufweist, empfiehlt es sich, die in der Basis-Installation ausschließlich für einen Minimalbetrieb benötigten Features zu installieren.

Alle nicht unmittelbar für den Minimalbetrieb benötigten Features sind standardmäßig zu deaktivieren. Hinweise zur Aktivierung dieser Features müssen in der mitgelieferten Dokumentation der Software vorhanden sein.

Die Software darf keinerlei Standard-Passwörter verwenden. Ein Ansatz zur Umsetzung ist, dass die Software während der Installation die Passwörter vom Administrator abfragt und dabei Passwort-Regeln zur Vergabe sicherer Passwörter zum Einsatz kommen. Sofern dies nicht möglich oder nicht gewünscht ist, muss eine Passwortänderung durch den Administrator bei der ersten Anmeldung / Inbetriebnahme erzwungen werden.

Sofern kein Microsoft AD zur Rechteverwaltung eingesetzt ist, muss es möglich sein, die Passwörter der administrativen Zugänge aus der Software heraus ändern zu können.

**Security in Deployment**

Die mitgelieferten Dokumentationen und Tools des Software-Herstellers sollen die Administratoren des Kunden in die Lage versetzen, die Software bestmöglich einzurichten und zu betreiben. Dazu gehört, dass eine Auflistung sämtlicher Dateien und Konfigurationen der Basis-Installation und sämtlicher nachinstallierbaren Features, Upgrades, Updates, Patches, Fixes und Hotfixes existiert (*Configuration Management*). Ebenfalls sollte die Software über eine Rollback-Funktionalität verfügen, mit der zu gegebener Zeit vorgenommene Aktualisierungen wieder rückgängig gemacht (deinstalliert / entfernt) werden können. Die Software sollte eine integrierte Versionskontrolle enthalten, mit deren Hilfe der Administrator jederzeit die aktuelle Version bzw. den aktuellen Patchlevel der Software ermitteln kann (siehe hierzu auch Abschnitt 7.10 zum Patch-Management).

## 7.6 Sichere Integration in die Produktionslandschaft

Software wird in der Regel nicht autark betrieben, sondern steht in regem digitalen Austausch mit anderen Systemen, Anwendungen, Komponenten oder Applikationen. Dies ist insbesondere vor dem Hintergrund der zunehmenden Digitalisierung und Anpassung an die Prozesse der Industrie 4.0 von Bedeutung.

### 7.6.1 Mindestanforderungen für die sichere Integration

Um eine sichere Integration zu gewährleisten, sind folgende Mindestanforderungen durch den Anbieter und die Software zu erfüllen:

- Beschreibung der Mindest-Systemanforderungen, ggf. «empfohlene Parameter»,
- Beschreibung sich ausschließender Systemparameter bzw. Umgebungsparameter (etwa: wenn Oracle-Datenbank, dann nur APACHE Webserver statt Microsoft IIS),
- Beschreibung der anzubindenden Schnittstellen (APIs) und ihrer Struktur, Parameter und Wertebereiche,
- Auflistung verwendeter Protokolle, (eingehaltener) Standards und Vorgaben,
- Auflistung verwendeter Ports / IP-Adressen und Protokolle,
- Auflistung der internen (fest verdrahteten / technischen) Benutzerkonten,

- Dokumentation der zu verwendenden Installationsparameter,
- Hinweis auf erforderliche höhere Rechte zur Installation / Konfiguration,
- Anweisung, wie Standardbenutzerkonten deaktiviert oder gelöscht werden können,
- Nachweis, dass keinerlei privilegierten Konten zur Ausführung der Anwendung notwendig sind (kein DBO / DBA, SYSTEM, ADMIN, root usw.),
- Hinweise für eine möglichst einfache Betriebskonfiguration, die sowohl Änderungen als auch Aktualisierungen der Software für den Administrator erleichtern.

### 7.6.2 Integration der Software in das bestehende Security-Management

Für einen sicheren Einsatz der Lösung ist zu prüfen, ob die Anbindung der Software an vorhandene Security-Management-Systeme in der Architektur der Software vorgesehen und möglich ist. Dies kann beispielsweise durch entsprechende Schnittstellen (APIs) erfolgen. An welche dieser Systeme die Software angebunden wird, bleibt eine Einzelfallentscheidung. Beispiele für unter Umständen vorhandene Systeme, an die die Software ggf. angebunden werden muss, sind:

- IAM (*Identity & Access Management*),
- SIEM (*Security Information Event Management*),
- Microsoft AD (*Active Directory*),
- Log-Management (etwa Syslog Server, Splunk o.Ä.),
- Risiko-Management-Systeme,
- Asset- und Configuration-Management-Datenbanken (CMDB).

### 7.6.3 Applikations-Integration über eine DMZ / Service-Zone

Insbesondere ERP- und PPS-Anwendungen erfordern eine Kommunikation über die Grenzen von Netzwerkzonen hinweg. Sollten Komponenten der Software in verschiedenen Netzwerksegmenten zum Einsatz kommen, muss die entsprechende Kommunikation abgesichert sein. Die Trennung der Produktions- von den Office-Netzen erfolgt idealerweise mittels einer Service-Zone (ähnlich einer DMZ). In der Service-Zone befinden sich die Endpunkte der Kommunikation sowohl aus dem Produktionsnetz in Richtung Office-Netz und umgekehrt. Da eine direkte Kommunikation zwischen Produktions- und Office-Netz aus Sicherheitsgründen verboten ist, die Service Zone aber von beiden Teilnetzen erreichbar ist, bietet sich diese Zone für den gesicherten Austausch von Daten und Funktionen (Applikationen / Dienste) an. Gleichwohl ist für viele Applikationen eine DMZ-übergreifende Integration erforderlich.

## 7.7 Sicherer Betrieb von Industrial-IT-Anwendungen

Sowohl Betrieb als auch Wartung der Software sollten nach Möglichkeit immer direkt vor Ort in der Fertigungsanlage stattfinden. Eine entsprechende Ausbildung der Mitarbeiter auf die Anforderungen des Betriebes der Software ist einzuplanen. Hierzu gehört auch, die Mitarbeiter auf die notwendigen Basiskomponenten wie Betriebssystem, Datenbank oder Mittelware zu schulen. Insgesamt ist vor dem Hintergrund neuerer Entwicklungen wie «DevOps» (der näheren Zusammenarbeit zwischen Entwicklern der Software und Betreibern der Software) darauf hinzuarbeiten, dass die Installation der Software im Produktionsumfeld der Art erfolgt, dass notwendige

Aktualisierungen am System oder Änderungen der Konfiguration mit möglichst geringen Auswirkungen auf das Umfeld und insbesondere die Produktion möglich sind.

### 7.7.1 Verfügbarkeit von Applikationen in Produktionsanlagen

Bei sämtlichen Betrachtungen in diesem Dokument muss im Einzelfall geprüft werden, ob die einzelnen Komponenten der Anlagen die nötigen Ressourcen hinsichtlich Speicherausstattung, CPU und Netzwerk zur Verfügung haben, um die Mehrbelastung ohne Ausfälle zu vertragen.

Die Ziele Sicherheit und Verfügbarkeit konkurrieren im Umfeld der Produktion stets um die verfügbaren Ressourcen. Weitergehend sollten Abläufe und Prozesse zur Sicherstellung von Sicherheitsvorgaben nicht die Ausfallzeiten erhöhen. Es ist also primär darauf zu achten, dass zusätzliche Anforderungen an die IT-Sicherheit nicht dazu führen, dass es durch Fehlbedienung bzw. Überlastung der Systeme zu Beeinträchtigungen in der Produktion kommt.

### 7.7.2 Integrität von Applikationen in Produktionsanlagen

Die Integrität der Systeme und Applikationen wirkt sich auf ihre Verfügbarkeit aus. Dies lässt sich am Beispiel der Modifikation einer Anlagenkomponente verdeutlichen: Wird die Anlage unsachgemäß modifiziert, ist die Produktionsfähigkeit bzw. die Fähigkeit der Anlage, eine bestimmte Qualität zu liefern, verändert und schlimmstenfalls nicht mehr vorhanden. Hierdurch ist die Verfügbarkeit der vorgesehenen Anlagenfunktion indirekt nicht mehr gegeben.

**Schutz PC-basierter Systeme**
Zum Schutz PC-basierter (Betriebs-) Systeme ist zum Beispiel der Einsatz von Anti-Virus-, Anti-Malware-Produkten oder neueren KI-basierten Sicherheitsprodukten als sinnvoll anzusehen. Nach Möglichkeit sollte das Betriebssystem einen stets aktuellen Patch-Stand haben, um im Laufe des Lebenszyklus gefundene Schwachstellen mitigieren zu können. Hierbei ist im Produktionsumfeld jedoch zu prüfen, inwieweit die betriebenen Anwendungen mit diesen Patches kompatibel sind. Diese Aussage hat der Software-Hersteller im Rahmen seines eigenen Lifecycle-Managements beizubringen. Das Patch-Management für Anwendungen wird weiter unten in Abschnitt 7.10 beschrieben. Sollte eine regelmäßige Aktualisierung der Systeme aufgrund vertraglicher Regelungen bzw. möglicher Inkompatibilitäten nicht möglich sein, ist der Einsatz so genannter «Whitelisting»-Lösungen zu erwägen (siehe unten).

**Schutz nicht-PC-basierter Systeme**
Für den Schutz von Mikrocontroller-Applikationen, SPS und gleichartigen Anwendungen ist die Einbringung einer Schutzfunktion nicht gleich zu PC-basierten Systemen. Dennoch kann durch die Nutzung zusätzlicher Management-Werkzeuge (wie beispielsweise mittels Auvesy «VersionDog» oder McAfee «Embedded Control») eine kontinuierliche Integritätsprüfung stattfinden, die etwa eine Änderung der Versionsstände oder der Konfiguration erkennt. Anti-Virus- und Anti-Malware sind bei neueren Systemen remote anwendbar. Auch hier gilt, dass Betriebssysteme, soweit vorhanden, einen aktuellen Patch-Stand aufweisen sollten. Es ist bekannt, dass ein Patch-Management in diesem Umfeld teilweise schwer oder gar nicht umsetzbar ist. Die genannten Schutzmaßnahmen sind ressourcenbindend und müssen vor der Integration auf Verträglichkeit mit den Anlagenteilen geprüft werden.

**Whitelisting**
Damit eine mögliche Verletzung der Integrität der Anlagenkomponenten auch in Abwesenheit von AV oder Anti-Malware erkannt und vermieden werden kann, empfiehlt sich der Einsatz von Whitelisting-Software. Diese verhindert die Installation oder Ausführung von nicht freigegebener Software. Das System wird hierbei in einem bekanntermaßen sicheren Zustand quasi eingefroren und es sind nur noch Transaktionen und Bedienungen möglich, die im Rahmen dieses Zustands als sicher angesehen werden. Diese Möglichkeit ist bereits für nahezu alle PC-basierte Systeme und ausgewählte Robotersteuerungen verfügbar.

## 7.8 Absicherung der (Fern-) Wartung

Bei jedem softwarebasierten System ist mit Fehlern, Ausfällen und Problemen zu rechnen, die das lokale Betreiberteam mit seinem Kenntnisstand nicht beheben kann. Sofern die Einrichtung einer Fernwartung als notwendig erachtet wird, gilt es diesen Zugang über ein bereits etabliertes Standardverfahren einzurichten und jeweils zeitlich zu begrenzen. Aus Sicherheitsperspektive ist darauf zu achten, dass eine Initiierung der Verbindung nur von innen nach außen möglich ist. Dies erschwert nicht-autorisierte Zugriffe Dritter, da der Zugriff nur im Bedarfsfall geöffnet wird. Die Anfrage für eine Verbindung zum Zwecke der Fernwartung darf deshalb ausschließlich aus den Räumlichkeiten der Fertigungsanlage zum Hersteller erfolgen und nicht umgekehrt. Ebenso darf der Verbindungsaufbau ausschließlich mit expliziter Zustimmung (im Rahmen des Verbindungsaufbau-Prozesses) durch einen Administrator des Auftraggebers erfolgen (4-Augen-Prinzip). Ein Monitoring – im Sinne einer steten Überwachung der Handlungen und Tätigkeiten – der während der Fernwartung durchgeführten Aktivitäten muss möglich sein. Hinzu kommt eine Beschränkung der Verbindung auf den betroffenen Anlagenteil. Hierzu empfiehlt es sich, bei der Planung der Anlage für jeden logischen Teil / jedes Segment einen indizierten Eintrittspunkt einzurichten, oder entsprechende Regelwerke in der Konfiguration des Remote-Access-Werkzeugs zu definieren.

Für den Umgang mit Fremdgeräten im Wartungsfall gibt es unter Abschnitt 3.4 eine eigene Handlungsempfehlung.

## 7.9 Schwachstellen-Management durch den Hersteller

Für die Auswahl eines geeigneten Anbieters wird empfohlen, die folgenden Vorgaben abzufragen und den Anbieter auszuwählen, der eine umfassende Abdeckung der Anforderungen bietet:

- Der Software Hersteller muss sich verpflichten, die Existenz der ihm bekannt werdenden Sicherheitslücken oder Schwachstellen in seiner Software bzw. seinem Produkt unverzüglich nach ihrer Entdeckung seinen Kunden mitzuteilen.
- Der Software-Hersteller sollte beim Schwachstellen-Management den gängigen Best Practices folgen. Diese sehen vor, dass ein Schwachstellen-Management in vier Phasen abläuft:

**Identifizieren der Schwachstelle**
Sobald die Schwachstelle entdeckt wurde, muss ermittelt werden, welche Module / Teile der Software betroffen sind. Dies erleichtert die Identifikation betroffener Kunden bzw. den Betreibern eine schnellere Eingrenzung der jeweiligen notwendigen Gegenmaßnahmen.

**Klassifizieren der Schwachstelle**

Die Auswirkungen im Fall der Ausnutzung der Schwachstelle durch einen bösartigen Angreifer sind zu ermitteln und bezüglich Eintrittswahrscheinlichkeit und Auswirkung einzustufen. Diese Information ist den Betreibern der Software im Rahmen der Benachrichtigung mitzuteilen.

**Beseitigung der Schwachstelle**

Sofern möglich, ist die Schwachstelle unverzüglich mittels eines vom Software-Hersteller zur Verfügung gestellten Hotfixes oder Patches zu beseitigen.

**Mitigieren der Schwachstelle**

Sofern eine Beseitigung nicht möglich ist, sind die Auswirkungen im Fall einer Ausnutzung der Schwachstelle mit Hilfe von geeigneten Hotfixes, Patches und / oder Workarounds zeitnah und so weit wie möglich zu begrenzen. Sowohl die Verfügbarkeit von Patches als auch Workarounds sollten den betroffenen Betreibern umgehend zur Kenntnis gebracht werden. Eine entsprechende Kommunikations-Infrastruktur ist durch den Ersteller vorzuhalten.

## 7.10 Patch-Management

**Patches durch Hersteller**

Der Hersteller ist verpflichtet, zeitnah nach Bekanntwerden von Sicherheitslücken geeignete Sicherheits-Updates und Patches zu liefern. Dafür ist es notwendig, dass die Software mit Hilfe von Updates, Upgrades, Patches, Fixes und Hotfixes aktualisierbar ist, ohne dass der zertifizierte Betriebszustand erlischt. Hierbei ist es sowohl vorstellbar als auch notwendig, dass sich Industrieverbände und Zertifizierungsunternehmen über den zukünftigen Umgang mit Abnahmen hinsichtlich der Betriebssicherheit im Sinne der Safety einigen, da es absurd erscheint, für die Aktualisierung einer einzelnen Softwarekomponente eine erneute Abnahme durchführen zu müssen.

**Patchen des Systems durch Anwender / Betreiber**

Die bislang gängige Anbieterpraxis, ein System nur im «abgenommenen Lieferzustand» zu supporten, ist nicht länger annehmbar. Systemkomponenten aus Standardsoftware, in denen über längere Zeiträume schwerwiegende Schwachstellen entdeckt werden, sind über Patches zu schließen. Mit Ausnahme von Safety-kritischen Anwendungen und Systemen ist hierfür strategisch auf Verbandsebene und in Zertifizierungsstandards eine Lösung zu evaluieren, um Komponenten wie Betriebssystem, Middleware und Datenbanken mit Patches zu versehen, ohne den zertifizierten und abgenommenen Betriebszustand zu gefährden. Der Anbieter hat jeweils mit maximal drei Monaten Verzug eine aktualisierte Konfiguration inklusive neuer Patches als «Unterstützt» nachzureichen. Hierzu zählt auch, aus der Wartung laufende Basiskomponenten wie Betriebssystem, Datenbanken oder Middleware frühzeitig im eigenen Entwicklungszyklus zu berücksichtigen und entsprechende neue Versionen zur Verfügung zu stellen.

## 7.11 Zugriffsschutz für Software

**Logische Zugriffskontrolle (Benutzerverwaltung)**

Über eine interne Benutzerverwaltung der Software ist sicherzustellen, dass z.B. eine strikte Funktionstrennung von administrativen und produktiven Funktionen stattfinden kann. Es ist zudem wünschenswert, dass die Benutzerkonten des Systems über ein zentrales Identity & Access Management provisionierbar sind, so dass auch eine direkte Zuordnung der jeweiligen Berechtigungen möglich ist. Ebenfalls wünschenswert ist die Fähigkeit, über eine Schnittstelle (API) die Einbindung an ein *Enterprise **S**ingle **S**ign-**o**n* (SSO) oder Web-SSO (falls das System eine Web-Anwendung ist) zu ermöglichen.

**Physikalischer Zugangsschutz**
Es gilt zu vermeiden, dass unberechtigte Personen Modifikationen an Anlagenteilen und Steuerungskomponenten vornehmen können. Hierbei kann eine Überwachung der Leitungen eine weitere Komponente sein. Bei dieser Leitungsüberwachung werden Anomalien, wie etwa die Trennung eines Buskabels und Neuanschluss einer Komponente, festgestellt und gemeldet. Diese Funktion bringen bereits einige neuere ***I**ntrusion-**D**etection-**S**ysteme* (IDS) mit. Hierbei ist nicht nur ein Link-Ausfall erkennbar, sondern auch das Einbringen von neuen Geräten in das betroffene Netz, beispielsweise durch Erkennung neuer MAC-Adressen. Näheres hierzu findet sich in Kapitel 4.

## 7.12 Notwendigkeit eines dauerhaften Internet-Zugriffs

Unter Sicherheitsaspekten empfiehlt es sich, dass die eingesetzte Lösung nicht von sich aus eine Verbindung nach außen (in das Internet) herstellen kann bzw. darf – es sei denn, sie ist Teil eines unternehmensübergreifenden Produktionssystems. Ein Stand-alone-Betrieb der Software (ohne Verbindung zum Internet) muss immer eine Option bleiben. Sofern der Internet-Zugriff elementar und notwendig ist, muss der Betrieb der Software aus einer DMZ heraus möglich sein.

Im Zuge der Etablierung von Industrie 4.0 halten immer mehr Softwaresysteme in die Produktion Einzug, die übergreifende Kommunikationsfähigkeit benötigen. Hierbei ist es zwingend erforderlich, ein sogenanntes Kontextdiagramm zu erstellen, das dem Betreiber jederzeit einen Überblick über die notwendigen und zulässigen Netzwerk-Kommunikationspartner gibt. In diesem Diagramm ist dann auch ersichtlich, mit welchen Partnern das System außerhalb des eigenen Netzwerkes kommuniziert und welche Protokolle dafür zum Einsatz kommen. Um eine zusätzliche Gefährdung bereits kritisch exponierter Systeme zu vermeiden, ist über eine Zentralisierung und zentrale Steuerung der notwendigen Datenströme nachzudenken. Neuere Ansätze für den Datenaustausch, wie die Verwendung *von **A**pplication **P**rogramming **I**nterfaces* (APIs), können sehr einfach mit modernen Verfahren und Protokollen für die Authentisierung und den Zugriffschutz wie SAML, OIDC und OAuth in den jeweils aktuellen Versionen kombiniert werden. Der Vorteil des Einsatzes solcher Technologien besteht in der einfachen Integration in globale, Cloud- und Internet-basierte Infrastrukturen sowie deren organisationsübergreifende Sicherheitsarchitekturen.

## 7.13 Dokumentation

Nur eine detaillierte Dokumentation der Software, ihres Installationsprozesses und der ausgeführten Konfigurationsschritte ermöglicht dem Betreiber, eine sichere Integration und einen sicheren Betrieb zu gewährleisten. Hierbei ist jedoch zeitgleich darauf zu achten, eine kostengünstige sowie effiziente Wartung und einen reibungslosen Betrieb zu gewährleisten, was wiederum eine detaillierte Dokumentation erleichtert. Diese Dokumentation umfasst unter anderem die Darstellung der internen Architektur der Software, die Beschreibung der Kernfunktionen, die Struktur der Schnittstellen sowie Hinweise auf die Rahmenbedingungen, unter denen die SW betrieben werden kann (*system requirements*). Darüber hinaus sollte die Konfiguration der in Betrieb genommenen Schnittstellen enthalten sein und ein entsprechendes Kontext-Diagramm vorliegen. Insbesondere muss auf bekannte Probleme und Einschränkungen bei der Interoperabilität hingewiesen werden, falls bekannt (ggf. sich ausschließende Kombinationen von anzubindender Software, Betriebssystem, Datenbanken usw.).

Die umfassende Dokumentation der Kommunikation der Anlagenteile ist insbesondere dann unabdingbar, wenn eine gesicherte Überwachung dieser Kommunikation erfolgen soll. Ein detailliertes Kontext-Diagramm ist somit Grundlage für die Integration der Software mit IDS- und IPS-Werkzeugen.

Ein weiterer Problembereich bei der Nutzung der Systeme findet sich in der Aktualität der jeweiligen Dokumentation. Es ist Pflicht des Betreibers, die Dokumentation regelmäßig bei Änderungen der Software bzw. des Systems anzupassen, sobald die vom Software-Hersteller zur Verfügung gestellten Updates installiert wurden.

# 8 Risikomanagement und die industrielle IT-Sicherheit

## 8.1 Einführung

Einen umfassenden Überblick über die Disziplin des Risikomanagements zu geben, erscheint ebenso herausfordernd wie die Integration der Produktionssicherheit in das unternehmerische Risikomanagement eines Konzerns. Dennoch ist es unabdingbar, dem Leser die Grundbegriffe des Risikomanagements zu vermitteln und den Bezug zwischen einem «Enterprise Risk Management» und dem Management der IT-basierten Risiken in der Produktion herzustellen. Ebenso wichtig ist es, den Leser dazu zu ermutigen, für «seinen Bereich» ein abgestimmtes Risikomanagement auch in Abwesenheit zentraler Vorgaben zu etablieren und «seine Risiken» zu erkennen, zu bewerten und folglich zu managen. Die folgenden Abschnitte sollen eben dies ermöglichen und einen vereinfachten Zugang zum Themengebiet des Risikomanagements bieten.

## 8.2 Risiko – Was ist das eigentlich?

In der Literatur findet sich eine Vielzahl an möglichen Definitionen und Begriffsklärungen für Risikomanagement sowie das Wort Risiko selbst. Eine der weniger mathematisch-statistisch geprägten Definitionen lautet wie folgt:

**DEFINITION**

«**Risiko:** das bewusste oder unbewusste Inkaufnehmen eines Verlustes in einer bestimmten Höhe im Verhältnis zur Wahrscheinlichkeit des Eintretens» [8.1]

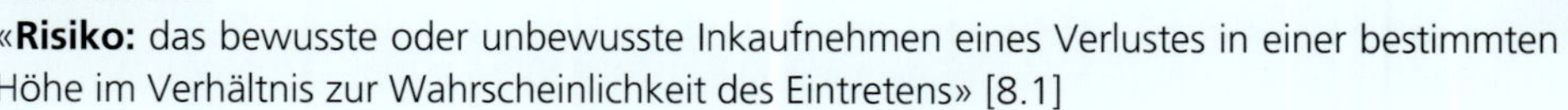

Insbesondere der Aspekt des Risiko-Bewusstseins ist hier hervorzuheben: Nur, weil ich ein Risiko nicht kenne oder nicht vollständig bewerten kann, setze ich mich diesem Risiko aus. Als direktes Praxisbeispiel dient die tägliche Teilnahme am Straßenverkehr. Hierbei setzt sich jeder Teilnehmer dem Risiko des Verlustes seines Lebens oder der Unversehrtheit seines Körpers aus, obwohl es täglich Meldungen zu schweren und schwersten Unfällen mit Verletzungen bis hin zum Todesfall gibt. Dieses Risiko wird von den Teilnehmern – mehr oder weniger bewusst – in Kauf genommen. Je nach persönlicher Einstellung und «Risikobereitschaft» mag der Teilnehmer nun entscheiden, ob er den Weg zu Fuß, mit dem Fahrrad, Motorrad, Auto oder mit Bus und Bahn bestreitet. Genau diese persönliche Risikobereitschaft lässt sich auch auf das Unternehmen übertragen und wird dort «Risikoappetit» genannt. Genauso unausweichlich wie für die Person das Risiko des Arbeitsweges ist, muss der Unternehmer das «unternehmerische Risiko» tragen. Die einzige Alternative ist die Unterlassens-Alternative – also die Einstellung der unternehmerischen Tätigkeit bzw. die persönliche Entscheidung: «Ich bleibe heute im Bett – der Weg zur Arbeit ist zu gefährlich». Letztere Entscheidung ist bei besonderen Außenbedingungen (etwa Blitzeis) durchaus nachvollziehbar und würde von einem verantwortungsvollen Unternehmer mit gutem Risikogespür auch getragen werden, jedoch ist erstere – das «nicht mehr Unternehmer sein» – vermutlich nicht zielführend. Folglich muss im Unternehmen eine offenere Kultur für den Umgang mit Risiken etabliert werden, die den Mitarbeitern und Führungskräften vermittelt, wie hoch eben dieser Risikoappetit der Geschäftsführung bzw. der Inhaber ist.

Im Rahmen eines übergreifenden Risikomanagements im Unternehmen – vorausgesetzt, ein solches ist vorhanden und etabliert – wird üblicherweise eine intern abgestimmte Definition des Risikobegriffs dokumentiert, die nach Möglichkeit auch im Umfeld der Industrial IT zum Einsatz kommen sollte. Da nahezu jede unternehmerische Tätigkeit ein entsprechendes Risiko mit sich bringt (etwa den Verlust der Produktionsanlage o.Ä.), ist das Ziel einer Risikominderung auf «null» nicht erreichbar. Es geht in erster Linie darum, die wirklich für das Unternehmen – oder den Standort – relevanten Risiken zu erkennen, zu bewerten und sie zu dokumentieren (Bild 8.1).

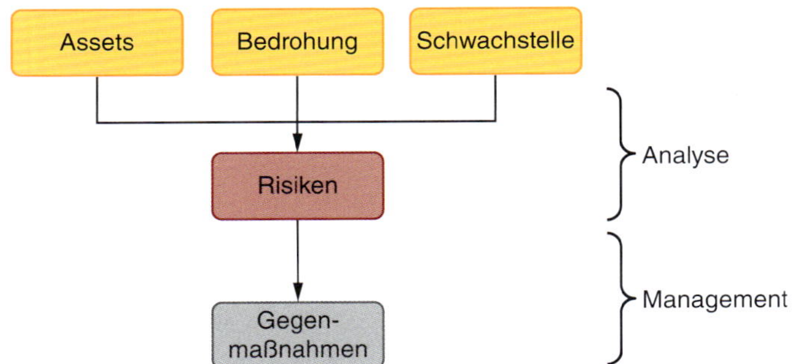


***Bild 8.1*** *Risikomanagement im Überblick*

Während «Enterprise-Risiken» im Allgemeinen gut erfasst und verwaltet werden, sind trotz stärkerer Sensibilisierung für IT-basierte Risiken und die darunter fallenden Informationssicherheitsrisiken häufig nur unzureichende Kenntnisse in den Fachabteilungen vorhanden. Das größte Problem liegt dabei in der falschen Adressierung der benötigten Einschätzung. Allein die Forderung nach Risikoinformationen gewährleistet nicht, dass die betroffenen Personen auch ausreichend darüber informiert sind, wie diese Daten zu erheben und zu bewerten sind. Daraus resultieren inkorrekte Einschätzungen der IT-Bedrohungen und der abgeleiteten Risiken. Um solche Abweichungen zu vermeiden, ist es empfehlenswert, wenn das Enterprise Risk Management die IT-Bedrohungen und Risiken zusammen mit den entsprechenden Fachbereichen (in unserem Fall die Produktions-IT) erarbeitet oder die Risikoanalyse des Bereichs durch die Enterprise-Funktion unterstützt wird. Will meinen, die im Fachbereich vorhandenen Kernkompetenzen sollten für die Einschätzungen der IT-basierten Risiken genutzt werden und nicht andersherum.

Dazu müssen die Verantwortlichen für die Industrial IT Antworten auf folgende grundlegende Fragen an das ERM liefern:

- Wie ist die derzeitige Bedrohungs- und Risikolage?
- Welche Prozesse, Funktionen und resultierende Vermögenswerte (Assets) sind den genannten Risiken ausgesetzt?
- Welches Gesamtrisiko ergibt sich aus den Bereichen und den dazu gehörenden Funktionen für das Unternehmen?
- Welche Maßnahmen können aus Sicht des Fachbereichs für die Senkung des Gesamtrisikos genutzt werden?

### 8.2.1 Erste Risikoanalyse - Eine Standortbestimmung

Aller Anfang ist schwer! Diese oft gehörte Binsenweisheit scheint insbesondere im Themengebiet Risikoanalyse viele Akteure abzuschrecken. Entweder ist es die umfassende Arbeit der Kollegen des Enterprise Risk Managements, die die Produktionsverantwortlichen mit ihren ausgefeilten Analyse-Ergebnissen überfordern. Oder es ist die geringe Vertrautheit mit den entsprechenden Werkzeugen zur ersten Erhebung der Risiken. Unglücklicherweise blähen Security-Experten das Problem ungewollt auf, indem zunächst nach einem *Information-**S**ecurity-**M**anagement(ISMS)-**S**ystem* nach ISO 27 000 gefragt wird. Dieser Anschein massiver Komplexität wirkt – wenn auch unbegründet – enorm abschreckend. Im kleineren Umfeld reicht es oft aus, die Basisbausteine aus IT-Sicherheitsstandards und Best Practices zu adaptieren oder sich bereits an eingesetzten Rahmenwerken zu orientieren. Denn wer sich intensiver mit Risikoanalysen im IT-Umfeld beschäftigt, wird feststellen, dass die Vorgehensweisen oftmals sehr ähnlich sind. So behandeln etwa auch die in der IT weitverbreiteten Rahmenwerke wie ITIL (IT Infrastructure Library) und COBIT (***C**ontrol **Ob**jectives for **IT*** der ISACA) einen Umgang mit Risiken, auch wenn diese nicht den kompletten Fokus auf IT-Sicherheit legen (Bild 8.2).

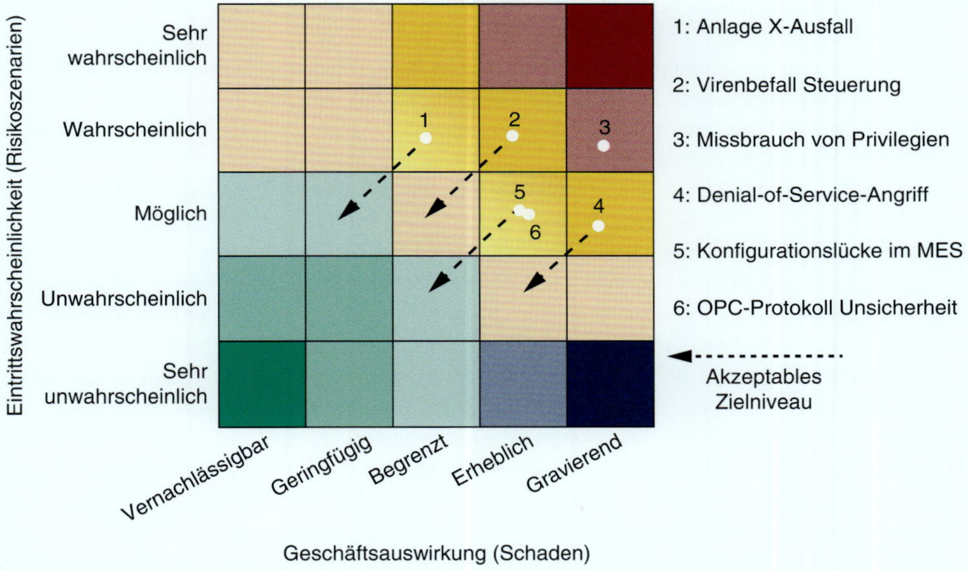


***Bild 8.2*** *Risiken in grafischer Darstellung*

In der Regel stellt die Betrachtung des Standorts beziehungsweise die Einschätzung der eigenen Situation im Sinne der «*Security Posture*» das erste Ziel der initialen Risikoanalyse dar. Hierfür muss die eigene Position in Bezug zur (IT-) Sicherheit zunächst qualitativ beschrieben werden. Insofern bedarf es zunächst nur einer sehr grobgranularen Herangehensweise:

- Was sind unsere wichtigsten wertschöpfenden Prozesse?
- Welche davon werden wo im betrachteten Bereich (Standort, Werk, Halle) unterstützt?
- Welche Anlagen und Maschinen sind abhängig von diesen Prozessen oder andersrum?
- Welche Auswirkungen hätte ein Ausfall einer Maschine / Anlage auf den Prozess?
- Gibt es weitere verkettete Abhängigkeiten?

Kann man diese Fragen für alle wichtigen Wertschöpfungsketten und Prozesse im betrachteten Bereich beantworten, selektiert man zunächst diejenigen, die den stärksten Effekt auf die genannten Prozesse haben. Auch wenn zu diesem Zeitpunkt vermutlich noch keine quantitativen Aussagen möglich sind, vermutet man dennoch hier den größten «Business Impact». Vermutlich wird bei eben dieser ersten Grobmodellierung schon eine Verkettung bzw. Vernetzung mit untergeordneten Prozessen sichtbar, so dass eine Dokumentation der Abhängigkeiten angezeigt ist.

Ist die erste Prozesslandkarte erzeugt und die Zuordnung der relevanten Anlagen / Maschinen abgeschlossen, gilt es die möglichen Bedrohungen zu erfassen (*Threat Analysis*). Hierfür ist es hilfreich, sich zunächst von der Kenntnis bereits getroffener Maßnahmen freizumachen und alle möglichen Bedrohungen zu notieren.

In COBIT 5 wird zu einer Bedrohungsanalyse aufgerufen, um Trends im Hinblick auf spezifische IT-Bedrohungen zu erkennen. Hierbei finden explizit politische, rechtliche, wirtschaftliche, menschlich-technische und technische Aspekte einer Bedrohungserfassung Berücksichtigung. Zudem sollten nicht nur die Symptome einer Bedrohung analysiert werden, sondern auch die möglichen Ursachen. Als weitere Einflussfaktoren sind die sich ständig verändernde Organisation eines Unternehmens und damit einhergehende Prozessveränderungen miteinzubeziehen. Vor dem Hintergrund dieses stetigen Wandels ist das Wissen über die jeweiligen Bedrohungsaspekte immer auf dem neuesten Stand zu halten, um teure Fehleinschätzungen und Fehlentscheidungen zu vermeiden.

Ein weiterer zu berücksichtigender Faktor bei der Bedrohungsermittlung ist die Standortabhängigkeit. Es sind stets auch lokale Schwachstellen und aufgetretene Zwischenfälle, die Kriminalitätsrate vor Ort bzw. externe industrielle Risiken oder Gefahren durch Naturgewalten eines bestimmten Standortes zu beachten.

Viele dieser Bedrohungen und Risiken sind auch in frei erhältlichen Standards beschrieben, wie z.B. in der NIST Special Publication 800-39 *Managing Information Security Risk* oder NIST Special Publication 800-39 *Risk Management Guide for Information Technology Systems*. Diese bieten zur Unterstützung Vorlagen und konkrete Vorgehensbeschreibungen zu den Themen Risikoanalyse, Bedrohungsanalyse und Co. an – allerdings nicht immer detailliert genug oder für den konkreten Anwendungsfall abbildbar. Daher sollte der zuständige Bearbeiter – bzw. Risiko-Analyst – sich je nach Umfang der Analyse bei den typischen Werkzeugen oder einer Kombination von Werkzeugen bedienen. Das kann über ein einfaches Brainstorming, einen Fragekatalog, die Bildung von Misuse- oder Abuse Cases geschehen oder auch über die Durchführung von Analysen der ***D**aten**f**luss**d**iagramme* (DFD) im Rahmen eines Threat Modelling. Im Zweifel sollte der Analyst immer einen (externen) Experten – etwa aus dem Enterprise Risk Management – hinzuziehen, um Fehleinschätzungen zu vermeiden.

Sind die möglichen Bedrohungen schlussendlich umfassend katalogisiert, wird im folgenden Schritt die Wahrscheinlichkeit des Eintretens zugeordnet. Dabei muss die Verwundbarkeit der jeweiligen Komponente, Anlage oder des Subsystems betrachtet werden. So sind Hardware, Software, Personal, Netzwerk, örtliche Gegebenheiten (z.B. die physikalische Sicherheit), Organisation des Unternehmens in der ISO 27 005 als Schwachstellenkategorien definiert. Dabei können Statistiken und – falls verfügbar – Erfahrungswerte des Unternehmens für eine Einstufung herangezogen werden, in dem z.B. Hochwasserdaten oder Berichte zu Fehlverhalten von Usern Berücksichtigung finden. Um die Verwundbarkeit aus Perspektive der IT-Sicherheit sinnvoll zu bestimmen, benötigt der Analyst zumeist mehr Erfahrung und erweiterte Kenntnisse des Zielsystems und seiner jeweiligen Umgebung. Zwar finden sich in manchen Unternehmen Erfahrungswerte zu den durch Interne hervorgerufenen absichtlichen Handlungen, jedoch gibt es kaum nutzbare allgemeine Statistiken zu Eingriffen und Handlungen, die von «außen» kommen. (Das liegt u.a. auch an der fehlenden Auskunftspflicht zu Informationssicherheitsvorfällen in vielen Ländern. Auch das Bundesamt für Sicherheit in der Informationstechnik legt bei der Vorgehensweise nach IT-Grundschutz keinen Wert auf die Ermittlung einer Eintrittswahrscheinlichkeit, da sich diese hinsichtlich der Risikoermittlung als schwierig darstellt. Größere Unternehmen können dagegen häufig auf Daten aus einem eigenen Intrusion-Detection-System oder der abonnierten Threat Intelligence zurückgreifen, was der eigenen Bewertung der Verwundbarkeiten durchaus zuträglich ist. Für eine Erstbetrachtung ist dies aber unüblich und im Produktionsumfeld aufgrund der fehlenden Anbindung solcher Systeme meist nicht möglich. Vielmehr sieht man derzeit bei der Betrachtung der Verwundbarkeit eine neue Herangehensweise, indem die Ausnutzung potenzieller Schwachstellen in Kombination mit Angreifern bemessen wird. Dabei geht man von unterschiedlichen Motivationen, Erfahrungswerten und Ressourceneinsatz aus, die ein Angreifer benötigen würde, um eine potenzielle Schwachstelle auszunutzen.

Die sich aus Eintrittswahrscheinlichkeit × Schweregrad ableitenden Risiken sollten aber nicht für sich alleine Betrachtung finden. An dieser Stelle ist es sinnvoll, die zuvor «ausgeblendeten» Maßnahmen heranzuziehen und zu analysieren, welche Maßnahme welche konkreten Effekte zur Risikoreduzierung beiträgt. Daraus ergibt sich dann ein Gesamtbild der etablierten und wirksamen Maßnahmen, aus dem offene Flanken einfach abzuleiten sind. Eben diese offenen Flanken bilden dann in ihrer Gesamtheit das noch vorhandene Risiko.

Zur Visualisierung der Risiken besteht eine Vielzahl an Möglichkeiten. Üblich sind sowohl konkrete Zahlenwerte in der jeweiligen Währung als auch einfache Aufteilungen in Auswirkungsstufen niedrig / mittel / hoch – aufgetragen in einer Matrix gegen die Eintrittswahrscheinlichkeiten selten / manchmal / häufig. Nun sind die einzelnen Risiken in diese Matrix einzuzeichnen und zugleich – etwa durch Pfeile – das gewünschte Zielniveau für jedes einzelne Risiko zu skizzieren. Um die jeweiligen Zielniveaus zu erreichen, werden die möglichen Gegenmaßnahmen definiert und die Auswirkung dieser im Hinblick auf die Risikominimierung aufgezeigt.

Mit Hilfe einer solchen Grafik wird schnell visualisiert, welche Risiken derzeit bestehen und welches Zielniveau anzustreben ist. Ist die Erhebung vollständig, bildet sich ein umfassendes Bild der Risiken im betrachteten Bereich, das zur Übergabe in ein Risikomanagement geeignet ist.

### 8.2.2 Erweiterte Risikoanalyse – Risikomanagement

Sowohl die Koordination und Planung der anstehenden Gegenmaßnahmen als auch die Verfolgung von deren Fortschritten wird als Teil des Risikomanagements betrachtet. Im Idealfall sind den einzelnen Risiken dabei jeweils verantwortliche Personen zugeordnet, die die Gegenmaßnahmen umsetzen müssen oder diese zumindest koordinieren.

Sind im Einzelfall keine geeigneten Maßnahmen verfügbar, umsetzbar oder ist das Risiko nicht anderweitig zu minimieren, so ist die Dokumentation der Risikoakzeptanz durch eine verantwortliche Person (etwa Geschäftsführung, Bereichsleiter, Werkleiter) unbedingt durchzuführen. Hierbei ist es ratsam, Risikoakzeptanz nicht generell zu ermöglichen, sondern lediglich für kurze Berichtszeiträume wie etwa ein Quartal. Um sowohl die Risiken an sich, deren Änderungen über die Zeit als auch den Erfolg der Gegenmaßnahmen nachvollziehen zu können, empfiehlt es sich, ein entsprechendes Risikomanagement-System einzuführen (Bild 8.3).

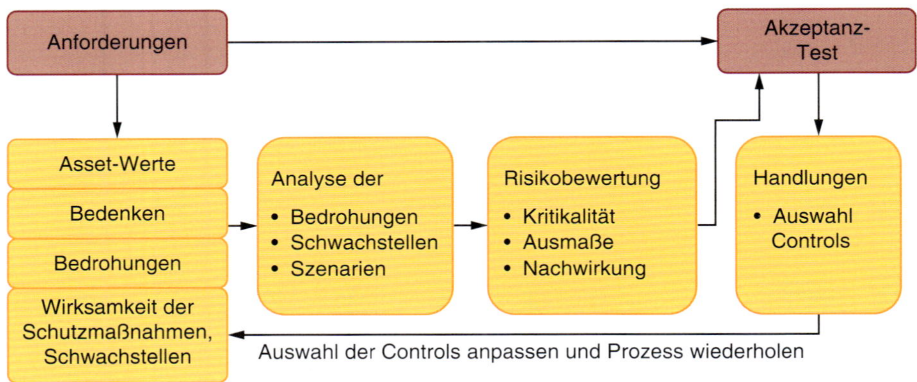


***Bild 8.3*** *Management der Risiken in grafischer Darstellung*

### 8.2.3 Tool-Unterstützung für das ISMS

Die Etablierung eines Information-Security-Management-Systems (ISMS) wird aus Sicht diverser Experten als Grundlage für einen geregelten Risikomanagement-Prozess gesehen. Die Vorteile der Nutzung solcher Werkzeuge liegen auf der Hand. Es ist jedoch nicht zwingend notwendig, ein kostenpflichtiges Werkzeug anzuschaffen, bevor mit dem eigentlichen Risikomanagement begonnen wird. Eine einfache auf Excel-basierte Dokumentation ist im ersten Schritt vollkommen ausreichend.

Eine herausragende Bedeutung bei der Dokumentation der Risiken hat die Zuordnung der Verantwortlichkeiten bzw. der Benennung einer verantwortlichen Person für jedes Risiko. Falls notwendig, ist hier auch der Unterzeichner einer Risikoakzeptanz sowie deren Ablaufdatum zu notieren. Letztlich sind die notwendigen, geplanten und bereits in Umsetzung befindlichen Maßnahmen zu dokumentieren – ebenfalls mit den jeweils zuständigen Personen für die Maßnahmen.

# 9 Ausblick Industrie 4.0

Bei näherer Betrachtung der aktuellen Entwicklung der Anforderungen hinsichtlich Industrie 4.0, Digitalisierung und Digitaler Transformation wird der Eindruck erweckt, dass die im Rahmen dieses Buches beschriebene Absicherung und Segmentierung der Netze sowie die Abschottung der Produktion von der Office IT direkt rückgängig gemacht werden sollten – denn ohne die für den Datenaustausch notwendige Konnektivität sind viele dieser I4.0-Ansätze gar nicht umsetzbar!

Obwohl dies bei oberflächlicher Betrachtung nach «ein Schritt vorwärts, zwei Schritte zurück» aussieht, wäre es radikaler zu sagen: «zwei Schritte rückwärts, dann drei Schritte voraus!» – die bereits beschriebenen Maßnahmen sind nicht nur *notwendig* für die Absicherung der Bestandssysteme aus der dritten industriellen Revolution, sondern bilden auch die *Basis*, um überhaupt sinnvoll mit Industrie-4.0-Überlegungen zu beginnen – insbesondere, wenn das Thema Industrie 4.0 mittel- bis langfristig ein tragfähiges, sicheres Fundament erhalten soll.

**DEFINITIONEN**

**Digitalisierung**: Aus Sicht des Autors die «kurzfristige Wandlung analog ablaufender Geschäftsprozesse» hin zu einem Prozess mit digitaler Unterstützung – etwa statt eines gedruckten Katalogs für Drucker, Tinte, Toner und Co, eine Online-/App-basierte Variante mit der Möglichkeit, direkt online zu bestellen. Der Katalog bleibt weiter erhalten und der Weg «Bestellung per Fax» ebenfalls.

**Digitale Transformation**: Die Digitale Transformation geht entscheidend weiter und schafft zum Beispiel nicht nur den gedruckten Katalog ab, sondern ergänzt das eigentliche Produkt um Ansätze der automatischen Beschaffung von Verbrauchsmaterial (Toner, Tinte, Papier) oder Ersatzteilen. Oft werden diese Ansätze direkt mit anderen Geschäftsmodellen kombiniert, so dass dem Kunden nur ein Gerät zur Nutzung bereitgestellt wird und der erforderliche Service sowie Wartung / Austausch automatisch erfolgen – statt des Druckerkaufs «*printing as a service*».

**TIPP**

Weitere Informationen zum Thema «Industrie 4.0» finden Sie in dem Fachbuch von Thomas Schulz [2].

## 9.1 Basis der Industrie 4.0 im Rahmen der Digitalisierung

Zahlreiche Experten befassen sich seit geraumer Zeit mit den Herausforderungen des Themenkomplexes I4.0. Insbesondere die Verbände VDMA und ZVEI sowie die übergreifende Plattform Industrie 4.0 haben große Anstrengungen unternommen, sowohl ihren jeweiligen Mitgliedsunternehmen als auch der breiten Öffentlichkeit die Industrie-4.0-Ansätze nahezubringen. Gut erkennbar wird dies durch die Leitfäden des VDMA, des ZVEI sowie die umfangreichen Dokumente der Plattform I4.0. Diese zeigen die Grundlagen auf und beleuchten insbesondere Sicherheitsaspekte. Die Online-Bibliotheken der Verbände und der Plattform I4.0 werden laufend um neue und angepasste Publikationen ergänzt, so dass eine direkte Verlinkung der Dokumente wenig zielführend erscheint.

**INTERNET**

http://industrie40.vdma.org/documents/4214230/5356229/Auszug%20aus%20Leitfaden%20Industrie%204.0%20Security/9c78a454-5879-49b8-a50b-9cd3ada4b345

https://www.zvei.org/fileadmin/user_upload/Presse_und_Medien/Publikationen/2016/November/Welche_Kriterien_muessen_Industrie-4.0-Produkte_erfuellen_/ZVEI-LF_Welche_Kriterien_muessen_I_4.0_Produkte_erfuellen_17.03.17.pdf

http://www.plattform-i40.de/I40/Navigation/DE/In-der-Praxis/Online-Bibliothek/online-bibliothek.html;jsessionid=8036CE971E3655B77998E894FCEF2411

Beispielhaft für die vielfältigen Facetten der I4.0 lässt sich in diesem Zusammenhang die Abkehr von einer geradlinig ausgerichteten Massenproduktion hin zu einer individualisierten, dynamisch an Fertigungsinseln ablaufenden Erstellung kleinerer Lose – bisweilen sogar «Losgröße 1» – benennen. Zum Zeitpunkt der Erstellung dieses Buches betrachtet beispielsweise das Forschungsprojekt IUNO im Anwendungsbereich «Kundenindividuelle Fertigung» die individualisierte Erstellung von Einbauküchen nach Maß. Neben der Dynamisierung der Fertigung in den eigenen Hallen und an eigenen Anlagen ist insbesondere die automatisierte Neuverteilung von Fertigungsschritten oder Teil-Produktanfertigung über ganze Wertschöpfungsnetzwerke hinweg ein angestrebter Vorteil der I4.0-Produktion. Der Blick in die Praxis verdeutlicht den geschilderten Zusammenhang: Erhält ein hochspezialisierter Industrie- oder Handwerksbetrieb im Moment keine lukrativen Aufträge, so kann er seine dynamisch anpassbare Produktion – unter minimalen Rüstzeiten – für die Fertigung von Werkstücken mit geringem Deckungsbeitrag umrüsten und so eine gute Auslastung der Anlagen gewährleisten. Erfolgt dann kurzfristig die Auftragserteilung für ein geeignetes Spezialprodukt mit hoher Marge, so delegiert die Anlage automatisch den weniger lukrativen Auftrag an einen Partner im Ausland und steuert dort ebenso automatisch die Umrüstung der Anlagen sowie die Umleitung der Rohstoffe an. Um in diesen komplexen Szenarien effizient und sicher zu arbeiten, gilt es neben deutlich erweiterten Kommunikationsbeziehungen auch eine Vielzahl neuer Identitäten und Berechtigungen zu etablieren. Dies führt unweigerlich zum Bedarf für ein übergreifendes Identity & Access Management (IAM), das nicht nur Personen (Bild 9.1), sondern auch Maschinen, Anlagen und Werkstücke identifizieren und verwalten kann und diese auch über moderne Schnittstellen erreichbar macht (siehe Bild 9.2).

Nur so lässt sich gewährleisten, dass aufgrund fehlgeleiteter Anfragen keine automatische Umorganisation der Produktion und ihrer Logistik erfolgen und somit hohe Kosten entstehen. Eine solide Basis, die u.a. eine klare Aufstellung der bereits vorhandenen Linien, Anlagen, Maschinen, Komponenten und deren Eigenschaften erfordert, sowie eine umfassende Kenntnis darüber, wer in welcher Art und Weise mit wem kommunizieren kann bzw. darf und welche Befehle auf diesen Wegen auszutauschen sind, sind in einem sicheren I4.0-Szenario zwingend erforderlich. Folglich müssen die eher einfachen Schichtenmodelle um weitere Aspekte ergänzt werden, wie Bild 9.2 verdeutlicht.

Dieses eher generelle Modell ist jedoch zu abstrakt, um es für die konkreten Anwendungsszenarien der I4.0 zu verwenden. Um hier eine bessere Abbildbarkeit zu erreichen, ist deshalb das «Referenzarchitekturmodell RAMI 4.0» entstanden, das in Zusammenarbeit der Verbände ZVEI, VDI/VDE-GMA, DKE sowie deren Partnern erarbeitet wurde (Bild 9.3).

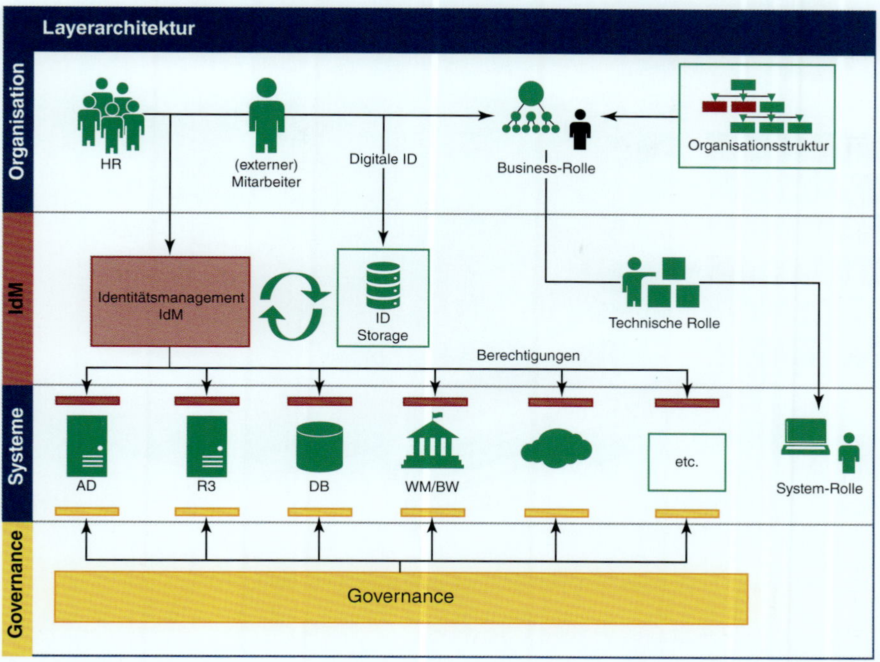


***Bild 9.1*** *Klassisches Identity & Access Management in Schichten*

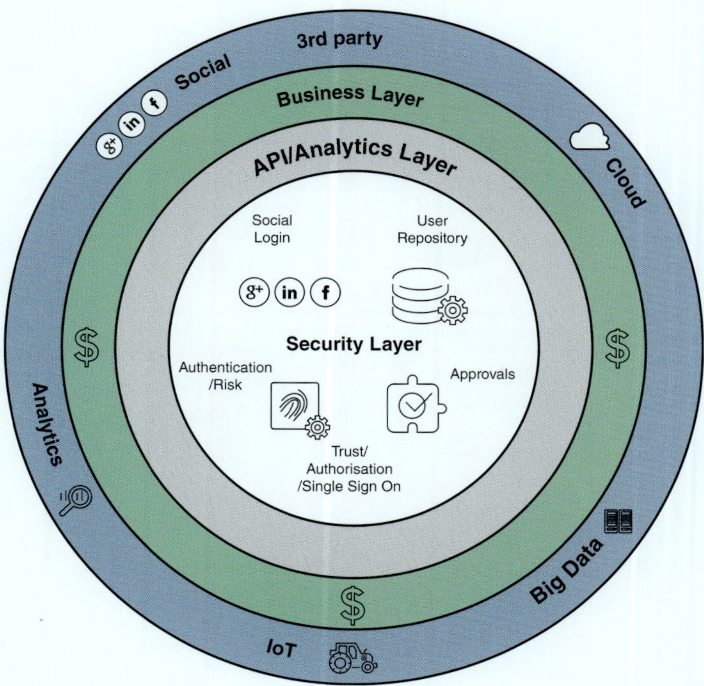


***Bild 9.2*** *Erweitertes Identity & Access Management für IoT, Cloud und I4.0*

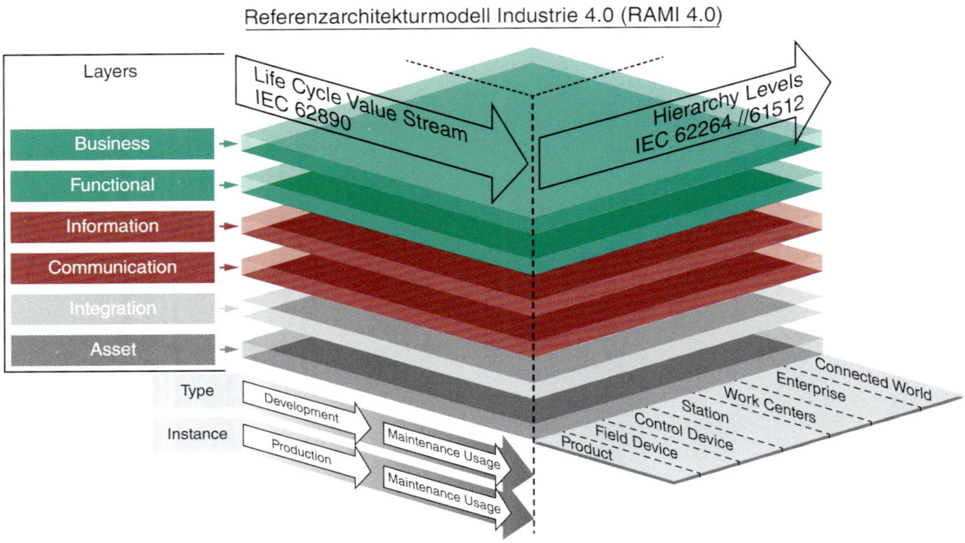

***Bild 9.3*** *Referenzarchitekturmodell RAMI 4.0 (in Anlehnung an Plattform I4.0)*

Parallel hierzu hat sich der Ansatz des «digitalen Zwillings« (*digital twin*) etabliert, der ein digitales Abbild der physischen Komponente darstellt. Dieses Abbild wird durch die sogenannte Verwaltungsschale definiert (siehe Bild 9.4), die alle relevanten Daten einer Hard- oder Softwarekomponente in der Produktion strukturiert bereitstellt.

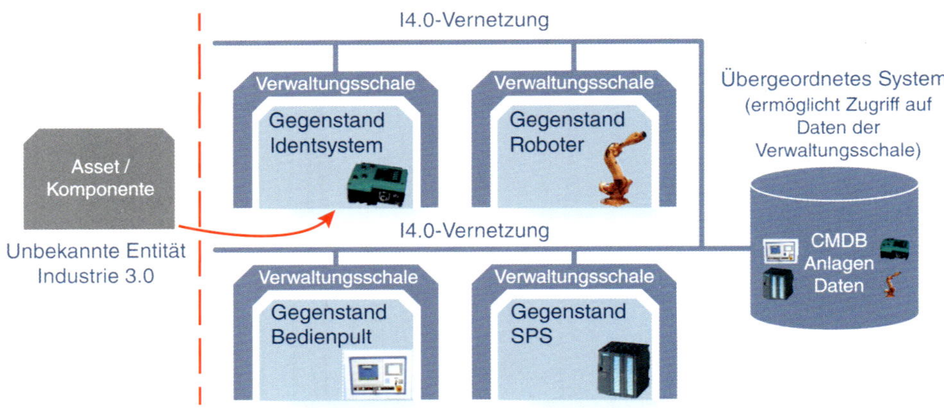


***Bild 9.4*** *Verwaltungsschale für I4.0-Komponenten (in Anlehnung an Plattform I4.0)*

Anhand der digitalen Zwillinge lassen sich dann sehr realitätsnah ganze Fertigungslinien digital vorkonstruieren und simulieren und deren Interaktion im Vorweg der physischen Installation beurteilen. Nur so lässt sich ein klares Schaubild der Datenflüsse, ihrer Bedeutung und ihrer jeweiligen Anforderungen an Vertraulichkeit, Integrität und Authentizität ableiten. Ohne eine solche Analyse ist die Definition und Einhaltung eines Zielniveaus für die IT-Sicherheit unmöglich, da die konkreten Risikoszenarien ohne ein umfassendes Bild der Kommunikation im internen Netz nicht zu erfassen sind.

**INTERNET**

www.projekt-iuno.de – Leuchtturmprojekt des BMBF zu Sicherheit in der Industrie 4.0

https://www.zvei.org/fileadmin/user_upload/Themen/Industrie_4.0/Das_Referenzarchitekturmodell_RAMI_4.0_und_die_Industrie_4.0-Komponente/pdf/ZVEI-Faktenblatt-Industrie4_0-RAMI-4_0.pdf

https://www.zvei.org/fileadmin/user_upload/Themen/Industrie_4.0/Das_Referenzarchitekturmodell_RAMI_4.0_und_die_Industrie_4.0-Komponente/pdf/Industrie_4.0_Komponente_Download.pdf

## 9.2 Netz-Zonen und Industrie 4.0

Die in den vorangegangenen Kapiteln vorgestellte Absicherung der Industrial IT durch weitgehende Zonenbildung und Clusterung der Systeme sowie die Abgrenzung der Zonen nach Vorgabe der ISA 99 / IEC 62 443 scheinen den Zielen des dynamischen Datenaustausches der Industrie 4.0 diametral entgegenzustehen. Auf den ersten Blick erscheint es widersinnig, die flachen und nahezu grenzenlosen Netze der gewachsenen Produktion erst mühsam auseinander zu dividieren und per Gateways und Firewalls mit komplexen Regelwerken und Access-Control-Listen zu trennen, um dann im Gegenzug einen weitreichenden Datenaustausch zu ermöglichen.

An dieser Stelle sei angemerkt, dass bislang in vielen produzierenden Betrieben weitgehend Unkenntnis darüber herrscht, welche Geräte in der Produktion mit welchen anderen Komponenten verbunden sind und über welche Adressen, Protokolle und Wege wer mit wem kommuniziert und welche Daten ausgetauscht werden. Aus dieser Sicht stellen die vorangegangenen Kapitel eher die notwendigen Aufräum-, Bereinigungs- und Ordnungsarbeiten dar, die eine sichere und nachhaltige Planung weiterer (I4.0-) Kommunikationsbeziehungen erst ermöglichen.

Eine Nebenwirkung der Netzsegmentierung nach IEC 62 443 und einer – bestenfalls parallel verlaufenen – Sicherheits- und Risikobewertung ist, dass der Betreiber ein sehr klares und aktuelles Bild der Ist-Situation zeichnen kann. Zudem sollte eine passende Klassifizierung und Gruppenbildung für Systeme, Komponenten, Applikationen und Infrastrukturen (etwa nach Risikoklassen, Gefährdungspotenzial, Kommunikationstyp, Protokollen oder gemeinsamen Sicherheitsanforderungen) möglich werden. Diese Struktur dient Industrie-4.0-Projekten im Folgenden als Rahmen sowohl für alte als auch neue Kommunikationswege, Protokolle und Anwendungen.

Eine der wichtigsten Errungenschaften der ersten Schritte der Industrial Security sollte sein, eine strikte Trennung des Anlagennetzes von der Office IT zu erreichen und für die Kommunikation zwischen den beiden Bereichen eine dedizierte DMZ zu erstellen. Über diese DMZ kann und soll jedweder Datenaustausch der Produktion mit anderen Systemen erfolgen – sei es die Übermittlung von Maschinen- und Betriebsdaten aus den MDE-/BDE-Systemen an den Proxy des ERP-Systems oder den Data-Historian oder der Abruf neuer Patches für die Absicherung einer IT-Komponente im Anlagennetz. Gleiches gilt für vorhandene Programme oder Fertigungsaufträge, die die Produktionssysteme aus der DMZ abrufen können!

Eben diese strukturiert geführte und planmäßige Kanalisierung des Datenaustauschs ist Grundlage für jedwede Erweiterung der Kommunikation in der Industrie 4.0. Ohne eine feste

Ordnung und klare Regeln sind etablierte Werkzeuge zur Absicherung der Bestandskommunikation und Filterung des Netzwerkverkehrs für neue Anwendungen und Protokolle sehr viel schwieriger rückwirkungsfrei zu integrieren. Die etablierten Sicherheitsmaßnahmen flankieren folglich jede neue Aktivität rund um die I4.0-Kommunikation und ermöglichen so klare Vorgaben und Anforderungen an Protokolle und Anwendungen.

Im Idealfall ist bereits eine Datendrehscheibe in der Produktions-DMZ aufgebaut, die es für Industrie-4.0-Anwendungen nur noch passend zu erweitern gilt. Streng nach IEC 62 443 können anschließend Sensordaten aus den unteren Schichten geordnet bis in die DMZ übertragen werden, wo eine Auswertung und Verarbeitung durch MES-/ERP-Anwendungen erfolgt. Die dann notwendigen Anweisungen und Steuerbefehle folgen ebenfalls dem vorab etablierten Kommunikationsschema, um Nebenwirkungen und Störungen in der Planungsphase so weit wie möglich auszuschließen.

Im Vorgriff auf Abschnitt 9.4 soll hier erwähnt werden, dass sogenannte API-Gateways Einzug in einige (Produktions-) DMZ gehalten haben. Solche Gateways sind in der Lage, die relevanten Protokolle wie MQTT oder CoAP und OPC UA derart aufzunehmen und zu verarbeiten als auch diese in modernen IT-nahen Sicherheits-Protokollen wie SAML und OAuth 2.0 und JSON/REST basierten Schnittstellen (APIs) sicher im Office-Netz oder der Cloud bereitzustellen. Die API Gateways stellen folglich nur die Daten und Informationen bereit, die wirklich publiziert werden sollen, während ein Eingriff in das Produktionsnetz durch das Gateway hindurch rein technisch / logisch begrenzt wird. Passend hierzu sollte – vor allem in von KRITIS betroffenen Unternehmen – der Schutz der eigentlichen Steuerungsebene und ihrer Kommunikation weiterhin oberste Priorität haben. Hier sind nach Möglichkeit am Übergang zum Steuerungsnetz rückwirkungsfreie Verfahren wie beispielsweise Datendioden anzuwenden, um eine Beeinträchtigung der Steuerung von Strom- und Wasserversorgung, Kraftwerkssteuerungen und Gasleitungen so weit als möglich zu verhindern.

Abseits der logischen Architektur und der zur Anwendung kommenden Hardware muss intensiver auf die übertragenen Inhalte geachtet werden. Die allseits zugelassene Web-Kommunikation über Port 80 oder abgesichert mit TLS auf Port 443 wird von Angreifern immer häufiger verwendet, um Schadcode oder Steuerbefehle unbemerkt zu versenden. Diese Art der Tarnung lässt sich nur durch tiefergehende Analysen (*Deep Packet Inspection*) aufdecken. (Anmerkung: Entsprechende Analysemöglichkeiten befinden sich zum Zeitpunkt der Erstellung dieses Buches noch weitestgehend im Aufbau. Nur einige wenige Spezialprodukte sind in der Lage, auf Protokollebene so tief in die Steuerungskommunikation Einblick zu nehmen, dass professionelle Angriffe abgewehrt werden könnten. Vor allem vor dem Hintergrund der Vielzahl an Netztechnologien, Protokoll-Stacks und Spezialhardware scheint es aussichtslos, hier eine vollständige Abdeckung erreichen zu wollen.) Der folgende Abschnitt erläutert einige besondere Protokolle und deren Auswirkung auf die Kommunikation.

## 9.3 I4.0 und Kommunikation

Einige Einsatzszenarien sind in der «I4.0 Predictive Maintenance» zusammengefasst. Dennoch ergeben sich auch in Bereichen der kundenindividuellen Fertigung, der sich dynamisch anpassenden Fertigung oder der Erfassung und Bereitstellung von detaillierten Messparametern und Messergebnissen je Werkstück eine Vielzahl an möglichen Datenquellen und somit eine ebenso große Vielfalt an möglichen Protokollen, die diese Sensoren und Datenquellen mit geringer Rechnerkapazität sprechen. In diesem Bereich ist es der OPC Foundation gelungen, den aus dem Jahr 2006 stammenden Standard «OPC UA – Unified Architecture» erfolgreich zu etablieren. Zwar hat es etliche Jahre gedauert, bis die Anbieter von Steuerungen und Antriebssystemen neben ihren proprietären Kommunikationsstandards auch offene Varianten wie OPC UA integrierten – aber die Geduld hat sich ausgezahlt. So hat sich Microsoft erst kürzlich dazu entschlossen, OPC UA als «neue Form der Kommunikation» für das Azure mit Sicherheitsfunktionen – wie etwa die Nutzung von x509v3-Zertifikaten für die Authentisierung und die Absicherung der Kommunikation – umzusetzen, da die Standardisierungsgremien die entsprechenden Spezifikationen noch nicht finalisiert haben (Bild 9.5).

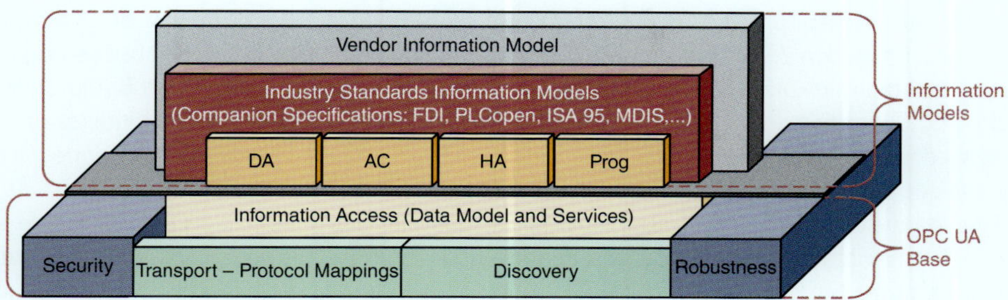


***Bild 9.5*** *OPC UA Services Architecture*

Nichtsdestotrotz können mögliche Anwender bzw. Hersteller demzufolge auf Basis des OPC UA Stacks eigene Profile mit speziellen Funktionen entwickeln und bereitstellen, was die grundlegende Interoperabilität innerhalb der bisher doch sehr proprietären industriellen Kommunikation deutlich verbessert (Bild 9.6).

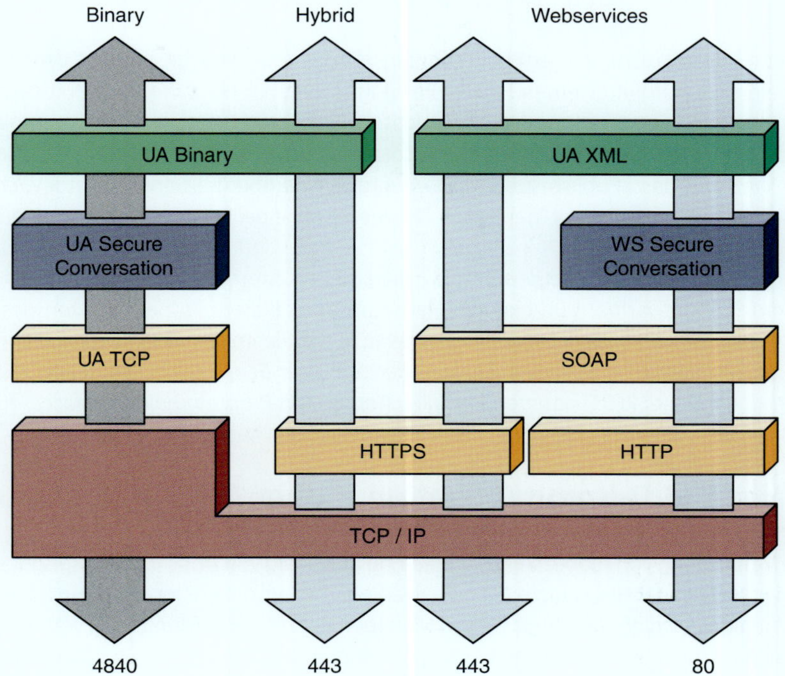


***Bild 9.6*** *OPC-UA-Transport-Profile*

Darüber hinaus kommen in der Industrie-4.0-Landschaft Protokolle wie *Constrained Application Protocol* (CoAP) und *Message Queue Telemetry* (MQT) als modernere Varianten einer Kommunikation mit geringerem administrativen Overhead zur Anwendung. Leider stand bei der Definition dieser eher schlanken Protokolle das Thema Sicherheit nicht im Fokus. Wie bereits angedeutet, wird der Authentizität des Senders bzw. des Empfängers eine viel höhere Priorität eingeräumt. Je nach Leistungsfähigkeit der betrachteten Kommunikationspartner ist die bevorzugte Lösung für die Sicherung der Authentizität der Einsatz von Zertifikaten nach dem Standard x509v3. Entsprechende Speicherausstattung und grundlegende Cryptofunktion der Hardware vorausgesetzt, bilden Zertifikate derzeit das einzige nachhaltige Verfahren zur Absicherung der Maschinenkommunikation. Neue Ansätze auf Basis der Blockchain oder Distributed Ledger Technology, wie etwa dem Tangle der IOTA Foundation, stecken hier noch in den Kinderschuhen, zeigen jedoch im Hinblick auf lokale Effizienz, Schnelligkeit und vor allem Skalierbarkeit deutliche Vorteile gegenüber den Zertifikats-basierten Lösungen.

Eine klare Abgrenzung muss jedoch bei Betrachtung der Kommunikation auf Bus-Ebene erfolgen. Die hier bislang zum Einsatz kommende Signalisierung ist bis heute nicht dazu geeignet, durch klassische Mittel der IT-Sicherheit geschützt zu werden, da die Informationsübermittlung proprietär erfolgt. Um in den IP-orientierten Abschnitten eines I4.0-Netzes dennoch mit hardwaretechnisch begrenzten Knoten vollständig sicher kommunizieren zu können, kommen spezielle Protokolle zum Einsatz. DTLS etwa ist eine nur wenig angepasste Variante von TLS und wird unter anderem in Forschungsprojekten zur Absicherung von Sensor-Netzwerken (***W**ireless **S**ensor **N**odes*, WSN) verwendet. Neben dem Einsatz in einem kommerziellen VPN-Produkt hat sich DTLS jedoch noch nicht für die M2M-Kommunikation durchgesetzt, da der Overhead immer noch recht groß ist. (In eigenen Versuchen in WSNs musste das Team des Autors einen Anstieg der Antwortzeit (*roundtrip*) von 0,01 ms auf 0,63 ms sowie eine volle Auslastung der CPU des Knotens feststellen.)

Erheblich vielversprechender erscheint der Einsatz des bereits vorgestellten CoAP zu sein, da es neben einem geringen Overhead auch die Möglichkeit zur Nutzung von Multicasts erlaubt und einen geringen Energieverbrauch verspricht. Es gibt zudem eine Vielzahl an Implementierungen, die die Unterstützung für eine breite Basis an Plattformen ermöglichen. Letztlich bietet MQTT als Vertreter des «Publish-subscribe»-Ansatzes eine ebenfalls eher leichtgewichtige Variante, mehrere Empfänger mit geringem Overhead an eine Reihe von Informationsquellen anzubinden.

Zudem müssen alle im Produktionsumfeld gesammelten Informationen aggregiert und sowohl den Kommunikationspartnern im eigenen Hause als auch außerhalb der Grenzen des eigenen Netzwerks bereitgestellt werden. Hierzu lohnt es sich, auf die im Cloud-Umfeld und bei mobilen Geräten sehr erfolgreich etablierten Ansätze der auf ***J**ava **S**cript **O**bject **N**otation* (JSON) und ***R**epresentational **S**tate* (REST) basierenden APIs (***A**pplication **P**rogramming **I**nterfaces*) zu blicken.

## 9.4 Neue I4.0-Kommunikation – Über APIs in die Cloud

Die starke Verbreitung von mobilen Endgeräten und der Erfolg von Apps für Smartphones machen auch vor den Netzen der Fertigung nicht halt. Während aktuell die bislang für die interne Nutzung in der Produktion erschienenen Apps für das Management bzw. das Monitoring von Anlagen und Automatisierungstechnik unter Sicherheitsaspekten eher als kritisch einzuschätzen sind, ist die geschickte Nutzung von Mobilgeräten und Apps über speziell abgesicherte APIs «von außen» eine sinnvolle und vor allem kontrollierbare Option.

Anstatt alle gesammelten Daten direkt an der Anlage oder der SPS zu hinterlegen (wie es derzeit einige deutsche Anbieter ermöglichen), scheint es deutlich sinnvoller, die zur Verfügung stehenden Daten über die Schichten und Zonen der Produktion zu aggregieren und in der DMZ der Produktion aufzubereiten. Hier erfolgt dann auch eine Sicherheits- und Kritikalitätseinstufung, so dass nur selektiv Daten und Informationen über spezifisch dafür vorgesehene APIs nach außen «publiziert» (*published API*, von außen frei erreichbar) werden. Der Ausdruck «frei erreichbar» bezieht sich hier jedoch nur auf den Dienst an sich und nicht die abzufragenden Informationen – diese gilt es über ein umfassendes Identity & Access Management zu kontrollieren. An dieser Stelle wird verdeutlicht, dass die Öffnung des Produktionsnetzes nach außen auch mit Industrie 4.0 nur sehr begrenzt erfolgen darf, wenn die Zonierung und die Datenflüsse im Vorwege ordentlich erfolgt sind. Als positive Nebenwirkung ergibt sich, dass die von vielen befürchtete funktionale Erweiterung der SPS und Steuergeräte in der Produktion deutlich weniger umfangreich erfolgt, da die notwendigen Schutzmechanismen, Berechtigungs- und Zugriffsmanagement sowie Absicherung der Schnittstellen an zentral angesiedelter Stelle erfolgen.

An eben dieser zentralen Stelle lassen sich dann auch standardisierte und erprobte Protokolle wie OAuth 2.0 oder SAML 2.0 verwenden, die die Integration in einen Cloud-Dienst erheblich vereinfachen.

Im vorgenannten Beispiel der lokalen Aggregation der Produktionsdaten können explizit solche Informationen per API an einen Cloud-Dienst weitergegeben werden, die einen Mehrwert (etwa für Big-Data-Analysen) für den Kunden versprechen. Informationen über Erkenntnisse zur eigenen Produktion lassen sich explizit durch die APIs von der Synchronisation mit der Cloud ausschließen, so dass sie nur für interne Analysen zur Verfügung stehen. Der Zugang zu den Cloud-Services durch die Kunden wird so über eine SAML-basierte Föderation vereinfacht, während die eigentlichen Zugriffsrechte über spezifische Erweiterungen oder Attribute der Objekte oder jeweiligen Sessions dynamisch anpassbar sind. Auch hier können und sollen die bereits in der IT erprobten Maschine-zu-Maschine-Mechanismen zum Einsatz kommen, um die Komplexität gering zu halten. Diverse in Entwicklung befindliche oder bereits publizierte IoT-Plattformen nutzen die vorgenannten Technologien und Protokolle als Hebel, um möglichst rasch eine Anbindung der Datenquellen in der Produktion an die Cloud-Applikationen und Daten-Aggregatoren zu realisieren. Es bleibt anzumerken, dass nicht alles, was technisch möglich, ist auch sofort umgesetzt werden sollte! Wenn im Vorwege der Implementierung von I4.0-Geschäftsmodellen keine nachhaltige Sicherheitsmodellierung und kein Threat Modelling ausgeführt wird, werden einige der vielsprechenden Ansätze zur «Erschließung des neuen Öls» schnell in einer digitalen Ölpest enden!

# Abkürzungen

| | |
|---|---|
| **2FA** | Zweifaktor-Authentisierung |
| | |
| **ACL** | Access Control List |
| **AD** | Active Directory |
| **ADDS** | Active Directory Domain Services |
| **AH** | Authentication Header |
| **AKV** | Aufgaben, Kompetenzen und Verantwortlichkeiten |
| **AKV-P** | AKV-Prinzip |
| **API** | Application Programming Interface |
| **ASO** | Automation Security Officer |
| **AV** | Anti-Virus |
| | |
| **BIA** | Business-Impact-Analyse |
| **BIND** | Berkeley Internet Name Domain |
| **BMS** | Betriebsmittel-Steuerungsebene |
| **BSI** | Bundesamt für Sicherheit und Informationstechnik |
| **BYOD** | Bring Your Own Device |
| | |
| **CAG** | Citrix Access Gateway |
| **CIA** | Confidentiality, Availability, Integrity |
| **CIO** | Chief Information Officer |
| **CISA** | Certified Information System Auditor |
| **CISM** | Certified Information Security Manager |
| **CISO** | Chief Information Security Officer |
| **CISSP** | Certified Information System Security Professional |
| **CLM** | Certificate Lifecycle Management |
| **CMDB** | Configuration Management Database |
| **CMMI** | Capability Maturity Model Integration |
| **CoAP** | Constrained Application Protocol |
| **COBIT** | Control Objectives for IT |
| **CPU** | Central Processing Unit |
| **CSO** | Chief Security Officer |
| | |
| **DB** | Datenbank |
| **DBA** | Database Administrator |
| **DBO** | Database Owner |
| **DC** | Domain Controller |
| **DFD** | Datenflussdiagramm |
| **DHCP** | Dynamic Host Configuration Protocol |
| **DMZ** | Demilitarisierte Zone |
| **DNS** | Domain Name System |
| **DTLS** | Datagram Transport Layer Security |
| | |
| **EKM** | Enterprise Key Management |
| **ERM** | Enterprise Risk Management |

| | |
|---|---|
| **ERP** | Enterprise Resource Planning |
| **ESP** | Encapsulation Security Payload |
| **FAT** | Factory Acceptance Test |
| **FMEA** | Failure Mode and Effects Analysis |
| **FQDN** | Fully Qualified Domaine Name |
| **FSMO** | Flexible Single Master Operations |
| **FUP** | Funktionale Programmierung |
| **GPF** | Group Policy Object Filter |
| **GPO** | Group Policy Object |
| **GSM** | Global System for Mobile Communications |
| **HMI** | Human Machine Interface |
| **I4.0** | Industrie 4.0 |
| **IAM** | Identity and Access Management |
| **ICS** | Industrial Control System |
| **IDS** | Intrusion Detection System |
| **IEC** | International Electrotechnical Commission |
| **Industrial IT** | Industrial Information Technology |
| **IoT** | Internet of Things |
| **IP** | Internet Protocol |
| **IPS** | Intrusion Prevention System |
| **IPSec** | Internet Protocol Security |
| **IPv4** | Internet Protocol Version 4 |
| **IPv6** | Internet Protocol Version 6 |
| **IRMA** | Industrie-Risiko-Management-Automatisierung |
| **IRT** | Isochronous-Real-Time |
| **ISA** | International Society of Automation |
| **ISA 99** | Industry Standard Architecture 99 |
| **ISACA** | Information Systems Audit and Control Association |
| **ISMS** | Informationssicherheits-Management-System |
| **ISO** | International Organization for Standardization |
| **IT** | Information Technology |
| **ITIL** | Information Technology Infrastructure Library |
| **JSON** | JavaScript Object Notation |
| **KCD** | Kerberos Constrained Delegation |
| **KMS** | Key Management Server |
| **KOP** | Kontaktplan |
| **KRITIS** | Kritische Infrastrukturen |
| **KVP** | Kontinuierliche Verbesserungsprozesse |
| **LDAP** | Lightweight Directory Access Protocol |

| | |
|---|---|
| **M2M-Communication** | Machine-to-Machine-Kommunikation |
| **MAC** | Media Access Control |
| **MCSA** | Microsoft Certified Solutions Associate |
| **MCSE** | Microsoft Certified Systems Engineer / Expert |
| **MES** | Manufacturing Execution System |
| **MFA** | Multifaktor-Authentisierung |
| **MitM** | Man in the Middle |
| **MPLS** | Multiprotocol Label Switching |
| **MQT** | Message Queue Telemetry |
| **MQTT** | Message Queuing Telemetry Transport |
| | |
| **NAC** | Network Access Control |
| **NAS** | Network Attached Storage |
| **NAT** | Network Address Translation |
| **NDA** | Non-Disclosure Agreement |
| **NetBIOS** | Network Basic Input Output System |
| **NGFW** | Next Generation Firewall |
| **NIST** | National Institute of Standards and Technology |
| **NTP** | Network Time Protocol |
| | |
| **OAuth** | Open Authorization |
| **OIDC** | OpenID Connect |
| **OPC** | Open Platform Communications |
| **OPC UA** | OPC Unified Architecture |
| **OS** | Operating System |
| **OSPF** | Open Shortest Path First |
| **OT** | Operational Technology / Operative Technology |
| **OTP** | One-Time Password |
| **OU** | Organizational Unit |
| | |
| **PAM** | Privileged Account Management |
| **PDC** | Primary Domain Controller |
| **PIM** | Privileged Identity Management |
| **PKI** | Public Key Infrastructure |
| **PLC** | Programmable Logic Controller |
| **Prod-AD** | Active Directory in der Produktion |
| **PSO** | Production Security Officer |
| **PUM** | Privileged User Management |
| | |
| **RACI** | Responsible – Accountable – Consulted – Informed |
| **RBAC** | Role based Access Control |
| **REST** | Representational State Transfer |
| **RPO** | Recovery Point Objective |
| **RTO** | Recovery Time Objective |
| **RTU** | Remote Terminal Unit |

| | |
|---|---|
| **SABSA** | Sherwood Applied Business Security Architecture |
| **SAML** | Security Assertion Markup Language |
| **SAN** | Storage Area Network |
| **SCADA** | Supervisory Control and Data Acquisition |
| **SCCM** | System Center Configuration Manager |
| **SCM** | Service & Continuity Management |
| **SDL** | Secure Software Development Lifecycle |
| **SIEM** | Security Information and Event Management |
| **SoD** | Segregation of Duties |
| **SOP** | Standard Operating Procedures |
| **SPS** | Speicherprogrammierbare Steuerung |
| **SQL** | Stuctured Query Language |
| **SSL** | Secure Sockets Layer |
| **SSO** | Single Sign-on |
| **SW** | Software |
| | |
| **TCO** | Total Costs of Ownership |
| **TCP** | Transmission Control Protocol |
| **TGS** | Ticket Granting Service |
| **TGT** | Ticket Granting Ticket |
| **TLS** | Transport Layer Security |
| | |
| **UAC** | User Account Control |
| **UAT** | User Acceptance Test |
| **UDP** | User Datagram Protocol |
| **UMTS** | Universal Mobile Telecommunications System |
| | |
| **VDI** | Verein Deutscher Ingenieure |
| **VDMA** | Verband Deutscher Maschinen- und Anlagenbau |
| **VLAN** | Virtual Local Area Network |
| **VPN** | Virtual Private Network |
| | |
| **WLAN** | Wireless Local Area Network |
| **WSN** | Wireless Sensor Nodes |
| | |
| **XML** | Extensible Markup Language |

# Glossar

**3G Router** *Router der dritten Generation*

**ACL** *Access Control List*; Zugriffsteuerungsliste: eine Technik, mit der Firewalls, Betriebssysteme und Anwendungsprogramme Zugriffe auf Daten und Funktionen eingrenzen können

**AD** *Active Directory*; ein Microsoft-Verzeichnisdienst auf Basis von LDAP

**ADDS** *Active Directory Domain Services;* Verzeichnisdienst von Windows-Betriebssystemen

**AH** *Authentication Header*; soll die Authentizität und Integrität der übertragenen Pakete sicherstellen und den Sender authentifizieren

**AKV** *Planung und Organisation*; Technik zur Analyse und Darstellung von Aufgaben, Komponenten und Verantwortlichkeiten einer Person bzw. ihrer Rolle oder Stelle

**AKV-Dreieck** *Planungs- und Organisations-Dreieck*; Planungstool in Bezug auf Leistung, Zeit und Kosten

**AKV-P** *AKV-Prinzip*; Technik zur Analyse und Darstellung von Aufgaben, Kompetenzen und Verantwortlichkeiten einer Person bzw. ihrer Rolle

**ASO** *Automation Security Officer*; Sicherheitsmitarbeiter im Bereich Automatisierung

**AV** *Anti-Virus*; häufiger Namensbestandteil von Antivirenprogrammen

**BIA** *Business Impact Analysis*; Methode zur Sammlung und Identifizierung von Prozessen und Funktionen innerhalb einer Organisation

**BYOD** *Bring Your Own Device*; eine Bezeichnung dafür, private mobile Endgeräte wie Laptops, Tablets oder Smartphones in die Netzwerke von Unternehmen zu integrieren

**CIO** *Chief Information Officer*; Verantwortlicher für das Informations- und Kommunikationsmanagement eines Unternehmens

**CISO** *Chief Information Security Officer*; Verantwortlicher für Informationssicherheit einer Organisation

**CLM** *Certificate Lifecycle Management;* eine Technologie, die eingesetzt wird, um sicherzustellen, dass Kunden sich sicher fühlen, wenn sie Web-Angebote besuchen. Dies ist für das Unternehmen von entscheidender Bedeutung.

**CMDB** *Configuration Management Database*; Datenbank, die dem Zugriff und der Verwaltung von Configuration Items dient
https://de.wikipedia.org/wiki/Configuration_Management_Database

**CMMI** *Capability Matury Model Integration;* eine Familie von Referenzmodellen für unterschiedliche Anwendungsgebiete – für die Produktentwicklung, den Produkteinkauf und die Serviceerbringung
https://cmmiinstitute.com/

**CoAP** *Constrained Application Protocol;* ein von der Internet Engineering Task Force (IETF) entwickeltes Web-Transfer-Protokoll für das Internet of Things (IoT)

**CPU** *Central Processing Unit*; zentrale Verarbeitungseinheit für Computer, in denen sie Befehle ausführen

**CSO** *Chief Security Officer*; in der Regel der Konzernverantwortliche für den Bereich Sicherheit

**DB** *Datenbank*; logisch zusammengehöriger Datenbestand

**DBO / DBA** *Database Owner / Datenbank Access;* ein privilegierter User, der Zugriff auf eine bestimmte Datenbank hat

**DFD** *Datenflussdiagramm;* stellt die Art der Verwendung, die Bereitstellung und Veränderung von Daten innerhalb eines Programms dar

**DHCP** *Dynamic Host Configuration Protocol*; Kommunikationsprotokoll in der Computertechnik, es ermöglicht die Zuweisung der Netzwerkkonfiguration an Clients durch einen Server

**DMZ** *Demilitarisierte Zone*; eigenständiges Subnetz, das das lokale Netzwerk (LAN) durch Firewall-Router (A und B) trennt

**DNS** *Domaine Name System*; einer der wichtigsten Dienste in vielen IP-basierten Netzwerken

**DTLS** *Datagram Transport Layer Security;* ein auf TLS basierendes Verschlüsselungsprotokoll, das im Gegensatz zu TLS auch über unzuverlässige Transportprotokolle wie UDP übertragen werden kann

**EKM** *Enterprise Key Management;* wenn es um den Schutz sensibler Daten geht, ist es heutzutage allgemein bekannt, dass der beste Schutz dieser Daten darin besteht, sie zu verschlüsseln. Enterprise Key Management ist der Begriff, der heutzutage verwendet wird, um sich auf professionelle Schlüsselverwaltungssysteme zu beziehen, die Verschlüsselungsschlüssel für eine Vielzahl von Betriebssystemen und Datenbanken bereitstellen.

**ERM** *Enterprise Risk Management;* Methodik mit dem Ziel der Sicherung des Fortbestandes eines Unternehmens, der Absicherung der Unternehmensziele gegen störende Ereignisse und der Steigerung des Unternehmenswertes

**ERP** *Enterprise Resource Planning;* eine prozessnah operierende Ebene eines mehrschichtigen Fertigungsmanagementsystems

**ESP** *Encapsulation Security Payload*; sorgt innerhalb von IPSec (VPN) für die Authentisierung, Integrität und Vertraulichkeit der IP-Pakete

**FAT** *Factory Acceptance Test;* die Abnahme eines Produktes noch beim Hersteller. Der Werksabnahme schließt sich meist der Site Acceptance Test (SAT) beim Kunden an.

**FIS** *Factory Information System*; ein modulares Produktionssteuerungssystem

**FMEA** *Failure Mode and Effects Analysis*; analytische Methoden der Zuverlässigkeitstechnik https://de.wikipedia.org/wiki/FMEA

**FQDN** *Fully Qualified Domaine Name;* vollständiger Name einer Domain. Der Domain-Name ist in diesem Fall eine absolute Adresse.

**FUP** *Funktionale Programmierung*; Programmierparadigma innerhalb dessen Funktionen nicht nur definiert und angewendet werden können, sondern auch wie Daten miteinander verknüpft, als Parameter verwendet und als Funktionsergebnisse auftreten können

**GPO** *Geschäftsprozessoptimierung*; Verbesserung von Geschäftsprozessen in einem Unternehmen

**GSM** *Global System for Mobile Communications*; Mobilfunkstandard. Standard für volldigitale Mobilfunknetze, der hauptsächlich für Telefonie, aber auch für leitungsvermittelte und paketvermittelte Datenübertragung sowie Kurzmitteilungen (Short Messages) genutzt wird

**HMI** *Human Machine Interface*; die Stelle oder Handlung, an der ein Mensch mit einer Maschine in Kontakt tritt

**I4.0** *Industrie 4.0;* Begriff, der auf die Forschungsunion der deutschen Bundesregierung und ein gleichnamiges Projekt in der Hightech-Strategie der Bundesregierung zurückgeht, zudem bezeichnet er ebenfalls eine Forschungsplattform

**IAM** *Identity and Access Management;* (Web-) Services und Systeme für die Steuerung des Zugriffs auf die Ressourcen im Unternehmen. IAM steuert, wer zur Verwendung von Ressourcen authentifiziert (angemeldet) und autorisiert (berechtigt) ist.

**ICS** *Industrial Control System*; befasst sich mit der IT-Sicherheit in den Bereichen Fabrikautomation und Prozesssteuerung. Die vielfältigen Anwendungsfälle betreffen mitunter kritische Infrastrukturen (KRITIS), aber auch viele weitere Szenarien. https://www.bsi.bund.de/DE/Themen/Industrie_KRITIS/Strategie/ICS-Security/ics-security_node.html

**IDS / IPS** *Intrusion Detection System / Intrusion Prevention System*; System zur Erkennung von Angriffen, die gegen ein Computersystem oder Rechnernetz gerichtet sind

**IEC** *International Electrotechnical Commission*; Internationale Normungsorganisation für Normen im Bereich der Elektrotechnik und Elektronik mit Sitz in Genf. Einige Normen werden gemeinsam mit der ISO (International Organization for Standardization) entwickelt.

**Industrial IT** *Industrial Information Technology*; bezeichnet die Echtzeitintegration von Automatisierungs- und Informationssystemen im gesamten Unternehmen
http://www.abb.com/cawp/abbzh253/9665593e3a9c43e2c1256af600551271.aspx

**IoT** *Internet of Things*; bezeichnet die Vision einer globalen Infrastruktur der Informationsgesellschaften, die es ermöglicht, physische und virtuelle Gegenstände miteinander zu vernetzen und sie durch Informations- und Kommunikationstechniken zusammenarbeiten zu lassen

**IP** *Internet Protocol*; in Computernetzen weit verbreitetes Netzwerkprotokoll

**IPSec** *Internet Protocol Security*; Protokoll-Suite, die eine gesicherte Kommunikation über potenziell unsichere IP-Netze wie das Internet ermöglichen soll

**IPv4** *Internet Protocol Version 4*; vor der Entwicklung von IPv6 auch einfach IP, ist die vierte Version des Internet Protocols (IP)

**IPv6** *Internet Protocol Version 6;* früher auch *Internet Protocol next Generation (IPng)* genannt, ist ein von der Internet Engineering Task Force (IETF) seit

| | |
|---|---|
| | 1998 standardisiertes Verfahren zur Übertragung von Daten in paketvermittelnden Rechnernetzen, insbesondere dem Internet |
| **IRMA** | *Industrie-Risiko-Management-Automatisierung*; Security Appliance für kritische Infrastrukturen und vernetze Automatisierungen in Produktionsanlagen. Hersteller: Achtwerk GmbH http://acht-werk.de/ |
| **IRT** | *Isochronous-Real-Time*; ein Protokoll, das die Kommunikation innerhalb eines Subnetzes in echten Zeit synchronisiert https://www.hs-heilbronn.de/1749571/profinet |
| **ISA** | *International Society of Automation*; non-profit technical society for engineers, technicians, businesspeople, educators and students, who work, study or are interested in industrial automation and pursuits related to it, such as instrumentation |
| **ISA 99** | *Industry Standard Architecture 99* |
| **ISACA** | *Information Systems Audit and Control Association*; unabhängiger, globaler Berufsverband für IT-Revisoren, Wirtschaftsprüfer sowie Experten der Informationssicherheit und IT-Governance www.isaca.org |
| **ISMS** | *Informationssicherheits-Management-System*; Aufstellung von Verfahren und Regeln innerhalb eines Unternehmens, die dazu dienen, die Informationssicherheit dauerhaft zu definieren, zu steuern, zu kontrollieren, aufrechtzuerhalten und fortlaufend zu verbessern |
| **ISO** | *International Organization for Standardization*; Internationale Vereinigung von Normungsorganisationen zur Erarbeitung internationaler Normen in allen Bereichen. Ausnahmen: Elektrik und Elektronik, Internationale elektrotechnische Kommission (IEC), Telekommunikation, Internationale Fernmeldeunion (ITU) www.iso.org |
| **ISO 27 000 / 27 005** | *International Organization for Standardization;* internationaler Standard für Sicherheit. Dieser Standard gibt einen allgemeinen Überblick über Managementsysteme für Informationssicherheit (ISMS) und über die Zusammenhänge der verschiedenen Standards der ISO-2700x-Familie. Hier finden sich außerdem die grundlegenden Prinzipien, Konzepte, Begriffe und Definitionen für ISMS. |
| **ITIL** | *Information Technology Infrastructure Library*; Sammlung vordefinierter Prozesse, Funktionen und Rollen, wie sie typischerweise in jeder IT-Infrastruktur mittlerer und großer Unternehmen vorkommen |
| **IUNO** | *Nationales Referenzprojekt zur IT-Sicherheit in Industrie 4.0;* Ziel des Projektes ist es, Bedrohungen und Risiken für die intelligente Fabrik zu identifizieren und Schutzmaßnahmen zu entwickeln. https://www.iuno-projekt.de/ueber-iuno.html |
| **JSON** | *JavaScript Object Notation;* ein kompaktes Datenformat in einer einfach lesbaren Textform zum Zweck des Datenaustauschs zwischen Anwendungen |
| **KOP** | *Kontaktplan*; Methode zur Programmierung von speicherprogrammierbaren Steuerungen (SPS) |
| **KVP** | *Kontinuierliche Verbesserungsprozesse*; eine Denkweise, die mit stetigen Verbesserungen in kleinen Schritten die Wettbewerbsfähigkeit der Unternehmen stärken will |

**M2M-Communication** *Machine-to-Machine-Kommunikation;* steht für den automatisierten Informationsaustausch zwischen Endgeräten wie Maschinen, Automaten, Fahrzeugen oder Containern untereinander oder mit einer zentralen Leitstelle, zunehmend unter Nutzung des Internets und den verschiedenen Zugangsnetzen wie dem Mobilfunknetz

**MAC** *Media-Access-Control-Adresse*; die Hardware-Adresse jedes einzelnen Netzwerkadapters, die als eindeutiger Identifikator des Geräts in einem Rechnernetz auf Schicht 2 des ISO/OSI-Modells dient

**MCSA** *Microsoft Certified Solutions Associate;* Name diverser Microsoft-Zertifizierungen, die sich in ihrer Fachrichtung voneinander unterscheiden

**MCSE** *Microsoft Certified Systems Engineer*; Zertifizierung im IT-Bereich, die von Microsoft vergeben wurde

**MES** *Manufacturing Execution System*; eine prozessnah operierende Ebene eines mehrschichtigen Fertigungsmanagementsystems

**MES / ERP** *Manufacturing Execution System / Enterprise Resource Planning;* prozessnah operierende Ebene eines mehrschichtigen Fertigungsmanagementsystems. Oft wird der deutsche Begriff Produktionsleitsystem synonym verwendet. Das MES zeichnet sich gegenüber ähnlich wirksamen Systemen zur Produktionsplanung, den sog. ERP-Systemen, durch die direkte Anbindung an die verteilten Systeme der Prozessautomatisierung aus und ermöglicht die Führung, Lenkung, Steuerung oder Kontrolle der Produktion in Echtzeit.

**MitM** *Man-in-the-Middle-Angriff*; auch Mittels-Mann-Angriff oder Janusangriff (nach dem doppelgesichtigen Janus der römischen Mythologie) genannt, ist eine Angriffsform, die in Rechnernetzen ihre Anwendung findet

**MPLS** *Multiprotocol Label Switching*; ermöglicht die verbindungsorientierte Übertragung von Datenpaketen in einem verbindungslosen Netz entlang eines zuvor aufgebauten («signalisierten») Pfades

**MQTT** *Message Queuing Telemetry Transport;* offenes Nachrichtenprotokoll für Machine-to-Machine-Kommunikation (M2M), das die Übertragung von Telemetriedaten in Form von Nachrichten zwischen Geräten ermöglicht trotz hoher Verzögerungen oder beschränkten Netzwerken

**NAS** *Network Attached Storage;* einfach zu verwaltender Dateiserver

**NAT** *Network Address Translation*; in Rechnernetzen der Sammelbegriff für Verfahren, die automatisiert Adressinformationen in Datenpaketen durch andere ersetzen, um verschiedene Netze zu verbinden. Die Netzwerkadressübersetzung kommt typischerweise auf Routern zum Einsatz.

**NDA** *Non-Disclosure Agreement;* Vertrag, der das Stillschweigen über Verhandlungen, Verhandlungsergebnisse oder vertrauliche Unterlagen festschreibt

**NetBIOS** *Network Basic Input Output System*; Programmierschnittstelle (API) zur Kommunikation zwischen zwei Programmen über ein lokales Netzwerk

**NIST** *National Institute of Standards and Technology;* Bundesbehörde der Vereinigten Staaten mit Sitz in Gaithersburg (Maryland) https://www.nist.gov/

| | |
|---|---|
| **NTP** | *Network Time Protocol*; Standard zur Synchronisierung von Uhren in Computersystemen über paketbasierte Kommunikationsnetze |
| **OAuth** | *Open Authorization;* offenes Protokoll, das eine standardisierte, sichere API-Autorisierung für Desktop-, Web- und Mobile-Anwendungen erlaubt |
| **OIDC** | *OpenID Connect;* Authentifizierungs-Layer, basierend auf OAuth 2.0, ein Autorisierungsframework |
| **OPC** | *Open Platform Communications;* ursprünglicher Name für standardisierte Software-Schnittstellen, die den Datenaustausch zwischen Anwendungen unterschiedlichster Hersteller in der Automatisierungstechnik ermöglichen sollten |
| **OPC UA** | *OPC Unified Architecture;* industrielles M2M-Kommunikationsprotokoll. Als neueste aller OPC-Spezifikationen der OPC Foundation unterscheidet sich OPC UA erheblich von seinen Vorgängern, insbesondere durch die Fähigkeit, Maschinendaten (Regelgrößen, Messwerte, Parameter usw.) nicht nur zu transportieren, sondern auch maschinenlesbar semantisch zu beschreiben. |
| **OSPF** | *Open Shortest Path First*; bezeichnet ein von der IETF entwickeltes Link-State-Routing-Protokoll. Es ist im RFC 2328 (obsolet: RFC 1247 von 1991) festgelegt und basiert auf dem von Edsger W. Dijkstra entwickelten «Shortest-path»-Algorithmus. |
| **OT** | *Operational Technology / Operative Technology*; Oberbegriff für Technologien und Produkte, die für operative Prozesse notwendig sind |
| **OU** | *Organizational Unit;* Containerobjekt in einem Active Directory. Die möglicherweise bis zu vielen Millionen Objekte werden in Containern (Organisationseinheiten), auch OUs (Organizational Units) genannt, abgelegt. |
| **PAM / PIM / PUM** | *Privileged Account Management / Privileged Identity Management / Privileged User Management*; die Überwachung und der Schutz von Superuser-Accounts in den IT-Umgebungen einer Organisation |
| **PFC200** | *Controller PFC200;* eine kompakte Steuerung an dem modularen WAGO-I/O-SYSTEM. Neben den Netzwerk- und Feldbus-Schnittstellen unterstützt er digitale und analoge Klemmen sowie Sonderklemmen. |
| **PKI** | *Public Key Infrastructure;* bezeichnet in der Kryptologie ein System, das digitale Zertifikate ausstellen, verteilen und prüfen kann |
| **PLC** | *Programmable Logic Controller;* Gerät zur Steuerung oder Regelung einer Maschine oder Anlage, das auf digitaler Basis programmiert wird |
| **Prod-AD** | *Prod-Active Directory;* eine Variante zur Vertrauensstellung zwischen dem AD der Office IT und dem Production-Active Directory. Prod-AD ist dann eine einseitige Vertrauensstellung zum Office-AD. |
| **PSO** | *Production Security Officer;* ein Sicherheitsmitarbeiter, der im Bereich Automatisierung arbeitet |
| **REST** | *Representational State Transfer;* Programmierparadigma für verteilte Systeme, insbesondere für Web-Services |
| **RTU** | *Remote Terminal Unit;* regeltechnisches bzw. steuerungstechnisches Instrument zur Fernsteuerung |

**SABSA** *Sherwood Applied Business Security Architecture;* ein Framework und eine Methodik für Enterprise Security Architecture und Service Management
http://www.sabsa.org/node/5

**SAML** *Security Assertion Markup Language;* XML-Framework zum Austausch von Authentifizierungs- und Autorisierungsinformationen. Es stellt Funktionen bereit, um sicherheitsbezogene Informationen zu beschreiben und zu übertragen.

**SAN** *Storage Area Network;* Netzwerk zur Anbindung von Festplattensubsystem (Disk-Array) und Tape-Libraries an Server-Systeme im Bereich der Datenverarbeitung

**SCADA** *Supervisory Control and Data Acquisition;* Überwachen und Steuern technischer Prozesse mittels eines Computersystems

**SCADAShield** *Supervisory Control and Data Acquisition Shield;* eine nicht-intrusive Lösung für Operational-Technologie, Netzwerküberwachung, Erkennung, Forensik und Antwort
https://www.cyberbit.com/wp-content/resources/uploads/2016/11/06072259/SCADAShield-Datasheet.pdf

**SCCM** *System Center Configuration Manager;* Software-Produkt aus der System Center 2012 Suite von Microsoft. Es löst frühere Versionen mit dem Namen Systems Management Server (SMS) ab.

**SCM** *Service & Continuity Management;* ein Prozess bzw. eine Anforderung, der/die in ISO / IEC 20 000 definiert ist

**SDL** *Secure Software Development Lifecycle;* ein Software-Entwicklungsprozess, der von Microsoft benutzt und vorgeschlagen wird, um die Wartungskosten sowie Bugs zu reduzieren

**SIEM** *Security Information and Event Management;* verbindet die Technologien Security Information Management (SIM) und Security Event Manager (SEM)

**SoD** *Segregation of Duties;* Funktionstrennung. Darunter versteht man in der funktionalen Organisation die organisatorische Trennung zwischen Organisationseinheiten oder Stellen im Geschäftsprozess zur Vermeidung von möglichen Interessenkollisionen.

**SOP** *Standard Operating Procedures;* verbindliche textile Beschreibung der Abläufe von Vorgängen einschließlich der Prüfung der Ergebnisse und deren Dokumentation insbesondere in Bereichen kritischer Vorgänge mit potenziellen Auswirkungen auf Umwelt, Gesundheit und Sicherheit

**SPS** *Speicherprogrammierbare Steuerung;* Gerät, das zur Steuerung oder Regelung einer Maschine oder Anlage eingesetzt und auf digitaler Basis programmiert wird

**SQL Injection** *Stuctured Query Language Injection;* bezeichnet das Ausnutzen einer Sicherheitslücke in Zusammenhang mit SQL-Datenbanken, die durch mangelnde Maskierung oder Überprüfung von Metazeichen in Benutzereingaben entsteht

**SSL / TLS** *Secure Sockets Layer/ Transport Layer Security;* hybrides Verschlüsselungsprotokoll zur sicheren Datenübertragung im Internet

**SSO** *Single Sign-on;* bedeutet, dass ein Benutzer nach einer einmaligen Authentifizierung an einem Arbeitsplatz auf alle Rechner und Dienste, für

| | |
|---|---|
| | die er lokal berechtigt (autorisiert) ist, am selben Arbeitsplatz zugreifen kann, ohne sich jedes Mal neu anmelden zu müssen |
| **Stuxnet** | Computerwurm, der im Juni 2010 entdeckt und zuerst unter dem Namen *RootkitTmphider* beschrieben wurde. Das Schadprogramm wurde speziell zum Angriff auf ein Überwachungs- und Steuerungssystem (SCADA-System) des Herstellers Siemens – die Simatic S7 – entwickelt. |
| **TCO** | *Total Costs of Ownership;* Abrechnungsverfahren, das Verbrauchern und Unternehmen helfen soll, alle anfallenden Kosten von Investitionsgütern (wie beispielsweise Software und Hardware in der IT) abzuschätzen |
| **TCP** | *Transmission Control Protocol;* Netzwerkprotokoll, das definiert, auf welche Art und Weise Daten zwischen Netzwerkkomponenten ausgetauscht werden sollen |
| **TCP/IP** | *Transmission Control Protocol / Internet Protocol;* Familie von Netzwerkprotokollen, die aufgrund ihrer großen Bedeutung für das Internet auch als Internetprotokollfamilie bezeichnet wird |
| **TGS** | *Ticket Granting Service;* Service, durch den der Client einen Session Key für den Service beantragen kann |
| **TGT** | *Ticket Granting Ticket;* Ticket, das der Client bekommt, wenn er sich im Active Directory anmeldet |
| **TLS** | *Transport Layer Security;* weitläufiger bekannt unter der Vorgängerbezeichnung Secure Sockets Layer (SSL), ist ein hybrides Verschlüsselungsprotokoll zur sicheren Datenübertragung im Internet |
| **UAC** | *User Account Control;* Sicherheitsmechanismus, der dafür verantwortlich ist, dass bei der Ausführung von administrativen Aufgaben eine Rechteerhöhung des Nutzers erforderlich ist |
| **UAT** | *User Acceptance Test;* Test der gelieferten Software durch den Kunden. Der erfolgreiche Abschluss dieser Teststufe ist meist Voraussetzung für die rechtswirksame Übernahme der Software und deren Bezahlung. Dieser Test kann unter Umständen (z.B. bei neuen Anwendungen) bereits auf der Produktionsumgebung mit Kopien aus Echtdaten durchgeführt werden. |
| **UDP** | *User Datagram Protocol;* minimales, verbindungsloses Netzwerkprotokoll, das zur Transportschicht der Internetprotokollfamilie gehört |
| **UMTS** | *Universal Mobile Telecommunications System*; Mobilfunkstandard der dritten Generation (3G), mit dem deutlich höhere Datenübertragungsraten (bis zu 42 Mbit/s mit HSPA+, sonst max. 384 kbit/s) als mit dem Mobilfunkstandard der zweiten Generation (2G), dem GSM-Standard (bis zu 220 kbit/s bei EDGE, sonst max. 55 kbit/s bei GPRS), möglich sind. |
| **VDI** | *Verein Deutscher Ingenieure;* deutscher technisch-wissenschaftlicher Verein<br>www.vdi.de |
| **VDMA** | *Verband Deutscher Maschinen- und Anlagenbau;* mit rund 3200 Mitgliedern Europas größter Industrieverband mit Hauptsitz in Frankfurt am Main. Er vertritt die Interessen der stark mittelständisch geprägten Investitionsgüterindustrie gegenüber Institutionen aus Politik und |

Gesellschaft sowie gegenüber Wirtschaft, Wissenschaft, Behörden und Medien.
www.vdma.org

**Web-SSO** *Web Single Sign-on;* bedeutet, dass ein Benutzer nach einer einmaligen Authentifizierung an einem Arbeitsplatz auf alle Rechner und Dienste, für die er lokal berechtigt (autorisiert) ist, am selben Arbeitsplatz zugreifen kann, ohne sich jedes Mal neu anmelden zu müssen

**WiFi** *Synonym von WLAN, Wireless Local Area Network;* bezeichnet sowohl ein Firmenkonsortium, das Geräte mit Funkschnittstellen zertifiziert, als auch den zugehörigen Markenbegriff

**WLAN** *Wireless Local Area Network;* Wireless LAN bzw. W-LAN, meist WLAN; (drahtloses lokales Netzwerk) bezeichnet ein lokales Funknetz, wobei meist ein Standard der IEEE-802.11-Familie gemeint ist. Für diese engere Bedeutung wird in manchen Ländern (z.B. USA, Großbritannien, Kanada, Niederlande, Spanien, Frankreich, Italien) weitläufig beziehungsweise auch synonym der Begriff WiFi verwendet. Der Begriff wird häufig auch irreführend als Synonym für WLAN-Hotspots bzw. kabellosen Internet-Zugriff verwendet.

**XML** *Extensible Markup Language;* Auszeichnungssprache zur Darstellung hierarchisch strukturierter Daten im Format einer Textdatei, die sowohl von Menschen als auch von Maschinen lesbar ist

# Literaturverzeichnis

[1] *BSI-Grundschutzhandbuch*, Abschnitte G 2.22, G 2.160.

[2] Schulz, Thomas: *Industrie 4.0*. Potenziale erkennen, umsetzen und validieren. Würzburg: Vogel Communications Group, 2017.

[3] Cole, Tim: *Digitale Transformation: Warum die deutsche Wirtschaft gerade die digitale Zukunft verschläft und was jetzt getan werden muss!* München: Vahlen Verlag, 2017.

[4] Cole, Tim: *Unternehmen 2020: Das Internet war erst der Anfang*. München: Hanser-Verlag, 2015.

[5] Leonhard, Gerd; Cole, Tim: *Technology vs. Humanity: Unsere Zukunft zwischen Mensch und Maschine*. München: Vahlen Verlag, 2017.

[6] Urchs, Ossi; Cole, Tim: *Digitale Aufklärung: Warum uns das Internet klüger macht*. München: Hanser-Verlag, 2013.

# Quellenverzeichnis

[8.1] Remigiusz Plath, Business Consultant im Bereich IT-Strategy & Governance, BearingPoint 19.06.2016, ITDaily.

# Stichwortverzeichnis

**P**



**R**



**S**



**T**